JN025533

実務に役立つ
水処理技術

和田洋六　著

TDU 東京電機大学出版局

● はじめに ●

　本書は実務に役立つ水処理技術について解説したものです.

　水は私たちの生命維持に必須の成分で「何でも溶かす」という性質をもった物質なので, 生活用水や産業用水として広く使用されています.

　生活排水には食器洗い, 洗濯, 入浴からトイレ水洗にいたるまで有機性汚濁物質が含まれています. 産業排水における電子部品や精密機器を製造する工程からは, 難分解性有機物, 酸・アルカリ, 重金属, シアン, クロム, ふっ素, ほう素などさまざまな環境規制物質を含んだ汚濁水が排出されます. こうした汚濁物質を含んだ排水を不完全な処理で排出すれば, 水環境汚染や公害の原因となります.

　多くの不純物を取り込んだ水をきれいにするには「分離と精製」を組み合わせた水処理技術が必要ですが, 使用する水の用途によってその処理内容が複雑で, なんでも処理できる万能な手段がないのが事実です. 水処理技術の習得は学校で学ぶ基礎知識に加えて, 広範囲の内容を現場で体験する必要があります. ここが学校の暗記と詰込み優先の学習と違った特徴で, 化学, 機械, 電気, 環境などの基本科目に加え職場の先輩から謙虚に学ぶ心と実務経験が要求されます.

　筆者が実社会に出た1967年(昭和42年)ころは, 公害対策基本法が制定されたばかりで, 水の環境保全に関する技術が確立しておらず, 実務に役立つ参考書はわずかでした. そこで, はじめのうちは国内, 海外の水処理現場に赴いて状況を観察していましたが, 経験を重ね現場の情報を整理し, 技術論文や解説書にまとめているうちに半世紀の歳月が流れました. 本書は著者がこれまでに体験した水処理技術の歴史を振り返り, 新たな知識を盛り込んで読者の学習に役立てることを念頭に作成しました.

　内容は水処理の仕事に従事する技術者, これから水処理について学ぼうとする方々が短時間で学習できるように, 長い文章による解説は控え, 左ページは文章, 右ページに図表を配置し, 見開き2ページで1話が完結する構成にしました.

　内容は下記1〜7章で構成され, 全部で90項目あります.

　1章　水は生命維持と生活に必須の資源

　2章　水処理技術で使う主な用語

　3章　生活用水をつくる

i

4章 工業用水をつくる

5章 排水の物理化学的処理

6章 微生物の力を利用する排水処理

7章 環境と命を守る水処理技術

　生活用水や工業用水をつくる過程で，処理薬品を使用しないで高品質の水ができれば理想的ですが実現には多くの課題があります．それでも本書に記載の新技術，新素材を取り入れた造水の技術を応用すれば理想に一歩近づくことができます．

　本書には著者が保有している技術士資格(上下水道部門，衛生工学部門)の受験に役立つ情報が多く掲載されています．これらの受験参考書としても利用してください．

　本書の作成にあたって，文中に掲げた優れた文献，著書，発行者の資料を参考にさせていただいたことを感謝します．また，出版の協力をいただいた東京電機大学出版局の各位にお礼申し上げます．

2022年9月

和田　洋六

○ 目　次 ○

1 章　水は生命維持と生活に必須の資源　　1

　1　水は文明を育み人の生命と生活を支える ……………………　2
　2　水は人の命を守る ……………………………………………　4
　3　水と健康 ………………………………………………………　6
　4　水と生活 ………………………………………………………　8
　5　水のリサイクル-節水と環境保全に貢献 ……………………　10
　　コラム❶　日本茶の成分と老化防止 …………………………　12

2 章　水処理技術で使う主な用語　　13

　6　pH−酸性やアルカリ性の度合いを測る尺度 ………………　14
　7　COD (化学的酸素要求量) ……………………………………　16
　8　BOD (生物化学的酸素要求量) ………………………………　18
　9　酸化と還元−水処理の基本 …………………………………　20
　10　ORP (酸化還元電位) …………………………………………　22
　11　電気伝導率−水の種類で異なる ……………………………　24
　12　アルカリ度−地下水や地質条件を知る指標 ………………　26
　13　塩素殺菌−利点と欠点の理解が大切 ………………………　28
　　コラム❷　コロイドと電気二重層と地球の宇宙空間 ………　30

3 章　生活用水をつくる　　31

　14　緩速ろ過と急速ろ過 …………………………………………　32
　15　凝集処理-小さな粒子を寄せ集める …………………………　34
　16　塩素殺菌は浄水処理に必要 …………………………………　36
　17　鉄とマンガンの除去-処理方法が異なる ……………………　38
　18　塩素によるアンモニアの除去 ………………………………　40

19 塩素殺菌と有害なトリハロメタン副生 …………………………… 42

20 汚濁水の砂ろ過 – 加圧式ろ過法 …………………………………… 44

21 膜ろ過 – 分離精度が高い ……………………………………………… 46

22 活性炭吸着 – 異臭除去にも効果 …………………………………… 48

23 オゾン酸化 – 二次汚染がない ……………………………………… 50

24 オンサイト浄水システム – 災害時にも威力発揮 ……………… 52

25 UF膜による血液浄化と生命維持 ………………………………… 54

26 RO膜による海水淡水化 – 省エネの造水方法 ………………… 56

    コラム❸ 紙づくりには水が必要 ……………………………… 58

4章 工業用水をつくる　　　　　　　　59

27 沈殿分離 – 懸濁物を沈める ………………………………………… 60

28 浮上分離 – 水より軽いものを浮かせて分離 …………………… 62

29 加圧浮上 – 粒子に気泡を付けて浮かせる ……………………… 64

30 イオン交換樹脂による脱塩 …………………………………………… 66

31 イオン交換樹脂量の計算（純水編） ……………………………… 68

32 イオン交換樹脂量の計算（軟水編） ……………………………… 70

33 イオン交換樹脂の再生Ⅰ – 単床塔 ……………………………… 72

34 イオン交換樹脂の再生Ⅱ – 並流再生と向流再生 …………… 74

35 イオン交換樹脂の再生Ⅲ – 混床塔 ……………………………… 76

36 膜面が詰まりにくいクロスフローろ過 …………………………… 78

37 MF膜ろ過 – 砂ろ過より高精度 …………………………………… 80

38 UF膜ろ過 – 化学物質も分離できる ……………………………… 82

39 RO膜による塩分除去の原理 ………………………………………… 84

40 RO膜脱塩 – 逆浸透作用で水を分離 …………………………… 86

41 ランゲリア指数 ………………………………………………………… 88

42 脱炭酸処理（スクラバー方式） …………………………………… 90

43 脱炭酸処理（脱気膜方式） …………………………………………… 92

44 電気透析 – 脱塩と濃縮が同時に可能 …………………………… 94

45 純水 – 産業活動に欠かせない高純度の水 ……………………… 96

46 超純水 – 半導体製造に不可欠な水 ……………………………… 98

47 カルシウムの除去 ………………………………………………… 100

48 シリカの除去 …………………………………………………… 102

49 電力の安定供給に貢献‐ボイラ水 ………………………… 104

50 冷却水‐産業界では最も多く使われる ………………… 106

コラム❹ コーヒーは血栓予防に効く ………………… 108

5章 排水の物理化学的処理 　　　　　　　　　　　　　109

51 pH調整による重金属の分離 ……………………………… 110

52 硫化物法による重金属の分離 …………………………… 112

53 キレート凝集剤による重金属の分離 …………………… 114

54 凝集沈殿‐粒子の径が沈降速度に影響 ………………… 116

55 傾斜板沈殿槽‐粒子の沈降時間を短縮する …………… 118

56 6価クロム排水の処理 ……………………………………… 120

57 シアン排水の処理 …………………………………………… 122

58 ふっ素含有排水の処理 …………………………………… 124

59 ほう素含有排水の処理 …………………………………… 126

60 ほうふっ化物含有排水の処理 …………………………… 128

61 晶析材によるリンの吸着処理 …………………………… 130

62 フェントン酸化‐COD除去に適する …………………… 132

63 フィルタープレス‐ろ過室で圧搾 ……………………… 134

コラム❺ 活性炭吸着とファンデルワールス力 ………… 136

6章 微生物の力を利用する排水処理 　　　　　　　　　137

64 活性汚泥法‐好気性微生物の力を利用 ………………… 138

65 長時間曝気法と汚泥再曝気法 …………………………… 140

66 汚泥が沈まないバルキングの原因と対策 ……………… 142

67 生物膜法‐微生物の継続保持が容易 …………………… 144

68 単一槽で行える回分式活性汚泥法 ……………………… 146

69 膜分離活性汚泥法(MBR)‐沈殿槽不要 ………………… 148

70 流量調整槽‐水の流量，濃度を均一化する …………… 150

71 曝気槽に送る空気量の計算方法 ……………………………… 152

72 沈殿槽−汚泥を沈殿して集め処理水と分ける ……………… 154

73 汚泥負荷と容積負荷−汚泥負荷を優先する ………………… 156

74 毒性物質と増殖阻害物質 ……………………………………… 158

75 窒素の除去−富栄養化の一因となる物質 …………………… 160

76 活性汚泥法によるリンの除去 ………………………………… 162

77 真空脱水機−有機系汚泥に適する …………………………… 164

　　　 コラム❻　富栄養化のしくみと対策 ……………………… 166

7章　環境と命を守る水処理技術　　167

78 水のリサイクル−①RO膜の応用 …………………………… 168

79 水のリサイクル−②イオン交換樹脂の応用 ………………… 170

80 水のリサイクル−③光オゾン酸化の活用 …………………… 172

81 水のリサイクル−④シアン含有排水の再利用 ……………… 174

82 水のリサイクル−⑤3価クロム化成処理排水 ……………… 176

83 再資源化−①めっきで多用されるニッケル ………………… 178

84 再資源化−②用途が広いクロム …………………………… 180

85 具体例−①表面処理排水のリサイクル ……………………… 182

86 具体例−②食品工場の排水処理 …………………………… 184

87 化学工業で用いる1, 4ジオキサンの処理 ………………… 186

88 天然の蒸留水，雨水の利用 ………………………………… 188

89 中水道−節水と水資源有効利用に効果 ……………………… 190

90 日本の環境規制と今後の動向 ……………………………… 192

　　　 コラム❼　排水リサイクルのためのポイント10 ………… 194

　　　 索　引 ………………………………………………………… 195

1章

水は生命維持と生活に必須の資源

　人類は水がある大河のほとりに集まりそれまでの狩猟中心の食糧確保から穀物をつくる農耕を中心とした社会を築いてきました.

　水は循環することで成り立っており，一度使った水でも高度処理して再利用することが大切です.

　産業排水のリサイクルでは発生工程ごとに処理し,循環使用することをお勧めします. その理由は,性状の異なる排水を一度混ぜてしまったら，その後の分離と精製が大変困難になるからです. 一例として，白砂糖と塩は同じ白い結晶ですが，これを一度混ぜてしまったら，後で分けようとしても，なかなか分離できないのと同じことです.

　本章では水が生命維持と生活に及ぼす影響と水の有効利用について考えます.

1 水は文明を育み人の生命と生活を支える

四大文明は水のある大河のほとりで誕生

水は森を育て土もつくる．人類はその恩恵で田畑を耕し，食料を収穫して命をつないできた．

☀ 水はすべての生物にとって生命維持と生活の基盤

右図①は四大文明発祥の地です．四大文明はいずれも「大きな川のほとり」で発展しました．栄養分のない荒れた大地の上流で雨が降ると，川は大量の水とともに栄養を含んだ土壌を運んできます．これを使って古代人は雨が少ない場所でも川の恵みを利用できる位置に定住したと思われます．

右表②は海水，ヒトの血液，組織液の成分例です．成人の体重は約60％が水といわれ，そのうち約30％が血液と組織液です．海水に最も多く溶けている元素はナトリウムイオン（Na^+）と塩化物イオン（Cl^-）です．海水と血液成分はマグネシウムを除いてほぼ同じ割合です．これが，海水とヒトの血液の成分がほぼ同じといわれる理由の1つです．地球上に一番初めに出現した生命は海中の小さな単細胞生物だったと考えられ，ヒトの血液や**組織液**の成分が海水と似ているのは，この単細胞生物が海水中を漂って浮遊していた「名残り」ともいわれています．

右図②はアイソトニック飲料成分例です．ヒトの組織液を参考に調整されています．

右図③は農産物の水消費原単位と仮想水総輸入量の概要です．仮想水総輸入量（バーチャルウオーター）とは，ある国の輸入物資を「仮に」自国内でつくるとしたら必要となる水の量のことをいいます．**図③左**は主要穀物（5品種）の水消費原単位試算例です．一例として，1トンの小麦生産に2,000 m³の水が必要です．**図③右**に示すように穀物輸入国の日本は世界中から大量の水を輸入していることになります．

人は安定した**食料確保**ときれいな水を利用できるようになって寿命が延び，人口が増えました．こうした背景から，21世紀は「水の世紀」になるといわれています．

近い将来，「水」が「**石油マネー**」にとって代わる日が来るかも知れません．「**水資源の確保**」は世界中で国家の重要課題となっています．

○ 組織液：毛細血管から染み出て細胞と細胞の間の隙間を満たす液体のこと．
○ 石化燃料は一度使えばそれっきり，しかし，水に限っては循環利用できる．
○ ヒトは水さえあれば食物をとらなくても30～60日くらいは生きられる．

① 四大文明発祥の地

四大文明は(1)エジプト文明，(2)メソポタミア文明，(3)インダス文明，(4)中国文明の4つ．それぞれ，ナイル，チグリス・ユーフラテス，インダス，黄河のほとりで生まれ，人々の暮らしはそれまでの狩猟生活から農業生活へと変化し，文字，都市，国家を生んだ．

② 海水, ヒトの血液, 組織液, アイソトニック飲料の成分例

成分名	海水	血液	組織液
ナトリウムイオン	32.4	36.3	34.2
塩化物イオン	58.2	40.6	42.3
カリウムイオン	1.2	1.7	1.6
カルシウムイオン	1.1	1.1	0.5
マグネシウムイオン	3.9	0.4	0.2

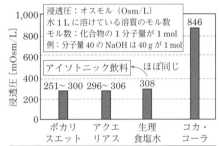

浸透圧：オスモル (Osm/L)
水1Lに溶けている溶質のモル数
モル数：化合物の1分子量が1 mol
例：分子量40のNaOHは40 gが1 mol

アイソトニック飲料 → ほぼ同じ

生理食塩水に比べコカ・コーラは高浸透圧なので吸収されにくい

③ 農産物の水消費原単位と仮想水総輸入量（バーチャルウオーター）

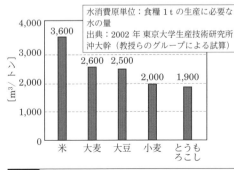

水消費原単位：食糧1tの生産に必要な水の量
出典：2002年 東京大学生産技術研究所 沖大幹（教授らのグループによる試算）

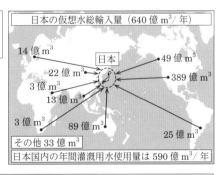

日本の仮想水総輸入量（640億 m³/年）

14億 m³　49億 m³　22億 m³　389億 m³　3億 m³　13億 m³　3億 m³　89億 m³　25億 m³　その他33億 m³

日本国内の年間灌漑用水使用量は590億 m³/年

用語解説 バーチャルウオーター：ロンドン大学のアラン教授が1990年代初頭に提唱した概念．食糧の輸入は，形を変えて水を輸入しているとみることができる．

2 水は人の命を守る

水の主な役目は物質の溶解，運搬，濃度調整，体温調節

体内の水分が不足すると血漿浸透圧が上がり血管が詰まりやすい．

☾ 水分補給は1日200 mL×8回が目安

右図①に人の体内の水分正常値と血管内の血液の流れを示します．水分が不足すると図のように血管が詰まりやすくなり，熱中症，脳梗塞，心筋梗塞など，さまざまな健康障害のリスクの要因になります．これを防ぐため水分補給を心掛けます．

人は食べ物がなくても，水さえあれば1ヶ月近く生きることができます．しかし，水を飲まないと2〜3日で生命維持は困難となります．体から水分が1%の損失で，のどの渇き，2%の損失ではめまいや吐き気，食欲減退などが現れます．10〜12%の損失で筋けいれん，失神，20%の損失では生命の危機になります．

水は比熱が高い物質なので産業用水のボイラ水[1]や冷却水として古くから使われています．また，水は私たちの体では栄養素の溶解，運搬，濃度調整，体温調節に役立っています．栄養素は食事摂取基準によって摂取量が決められていますが，水に関しての基準値はありません．水には口から飲む飲料水，食物に含まれる水の「摂取される水」と，体内の化学反応で栄養素がエネルギーになるときに生成される「代謝水」があります．それらの摂取される水と代謝水の総量は1日約2,400 mLです．内訳は飲料水から約1,000 mL，食事から摂取する水は約1,100 mL，代謝水は約300 mLです[2]．また，摂取した水分は尿，便や皮膚および呼吸から自然に蒸発している水分である不感蒸泄を含め1日約2,400 mL排泄されています．

尿量は約1,500 mL，便は約100 mL，呼気は約300 mL，汗は約500 mL排泄されます．人の体は1日の水分出納を平衡に保っているため，水分摂取量で尿量が調節されます．夏のように暑く汗を大量にかくときは，その分の水分補給が大切になります．のどの渇きを感じたときはすでに，脱水が始まっている状態で要注意です．

水分補給の回数は**右図②**のように1回200 mLとして8回が目安です．

○ 1) ボイラの水管理：日本ボイラ協会編，p.19，共立出版 (1968)
○ 2) 厚生労働省：健康のため水を飲もう推進委員会 (2020)
○ 脱水状態になると閉塞性血栓が発生し心筋梗塞に至る場合がある．

① 成人の体内水分量は体重の約60%

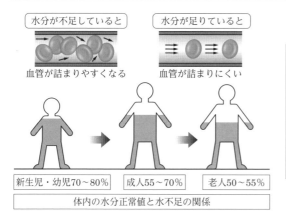

水分が不足していると
血管が詰まりやすくなる

水分が足りていると
血管が詰まりにくい

| 新生児・幼児70〜80% | 成人55〜70% | 老人50〜55% |

体内の水分正常値と水不足の関係

尿，汗などの喪失量に見合う水分を適量摂取できれば，血漿浸透圧は一定に保たれるが，水分が不足すると血漿浸透圧が上昇し血管が詰まりやすくなる．高齢者は健康上の観点から胃腸を保護するため，冷水よりも40℃以下のぬるま湯を飲むとよい．

② 水分補給の回数は1日に200 mL×8回が目安

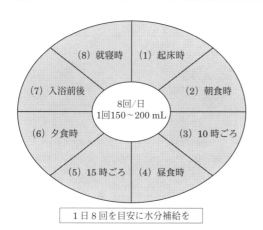

(8) 就寝時　(1) 起床時
(7) 入浴前後　　　(2) 朝食時
8回/日
1回150〜200 mL
(6) 夕食時　　　(3) 10 時ごろ
(5) 15 時ごろ　(4) 昼食時

1日8回を目安に水分補給を

朝，起床したときは体内の水分が不足している．すぐに水分補給するとよい．
ペットボトルの水は衛生管理の観点から別の容器に移して飲むとよい．

 血漿浸透圧：血漿の浸透圧は約 280 mOsm/kgH$_2$O である．主に電解質，ブドウ糖，尿素濃度により決定される．

3 水と健康

水不足は心筋梗塞，脳梗塞の引き金

体内の水不足とストレスにより心臓をめぐる血管に血栓ができる．
血栓が心臓付近の血管に詰まると心筋梗塞，脳に詰まると脳梗塞である．

脱水症対策にはこまめな水分補給が大切

右図①は心房細動と脳梗塞の概略図です．肺静脈の左心房の付け根のあたりの神経が興奮し異常な電気信号が発信されると不整脈を生じ「**心房細動**」が起こります．心房細動では心房が不規則に震え，血栓が血流に乗って脳に運ばれ脳血管で詰まると脳梗塞となります．**脳梗塞**対策では水分補給が第一です．のどが乾いたときにはすでに**脱水症**※が始まっています．**脳梗塞**は，水分不足になりやすい睡眠中と起床後に発症しやすくなります．寝ている間，人は500 mLくらい汗をかくといわれています．就寝前と**起床後**は，コップ1杯程度の水分補給をお勧めします．**心房細動**を治療する手段の1つに「肺静脈隔離術：**カテーテルアブレーション手術**」があります．現在，カテーテルアブレーションは多くの人々の心房細動の治療に貢献しています．

右図②は血液の成分と神経伝達物質（カテコールアミン）の基本骨格です．

人間は朝起きたときが最も**脳梗塞，心筋梗塞**になりやすいとされています．朝起きてゆっくりと休んでいた体を動かさなければならない目覚めが，人間にとっては大きなストレスです．人間はストレスがかかると血が固まりやすくなります．血のかたまりをつくる「**血小板**」は，交感神経が緊張したときに体内分泌される**神経伝達物質「カテコールアミン」**の作用により短時間で血のかたまりをつくるといわれています．理由は大昔から人に備わっている防衛本能とされ，戦争で「敵と戦う」かもしくは「大試合の直前」といった闘争的な場面が精神的なストレスとなり，傷ついて出血する可能性が高くなるので止血しようとするメカニズムが遺伝子に備わっているのではないかと考えられています．人間は脱水症で脳に血液の塊が詰まった結果，脳梗塞になりやすいのですが植物にたとえれば「しおれた」状態と同じでなかなか元に戻りません．

- ※脱水症は体内の体液（水分＋ミネラル）が不足している状態を示します．
- 脳梗塞の「梗塞」とは，「ものが詰まり流れが通じなくなる」という意味．
- 血小板：血管壁が損傷した場合は集合してその傷口をふさぎ止血する作用を発揮．

① 水不足の脳に血栓が移動すると詰まって脳梗塞になりやすい

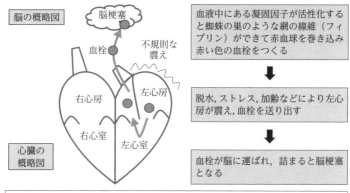

脳の概略図

脳梗塞

血栓

不規則な震え

右心房　左心房

右心室　左心室

心臓の概略図

血液中にある凝固因子が活性化すると蜘蛛の巣のような網の線維（フィブリン）ができて赤血球を巻き込み赤い色の血栓をつくる

⬇

脱水, ストレス, 加齢などにより左心房が震え, 血栓を送り出す

⬇

血栓が脳に運ばれ, 詰まると脳梗塞となる

心房細動と脳梗塞の関係略図：不整脈（心房細動）は脱水, ストレス, 加齢などの誘因で発症する. 心房細動が起こると左心房が不規則に震え血栓ができ脳へ運ばれ, 詰まると脳梗塞が起こる

② 神経伝達物質は「化学反応」で分泌される

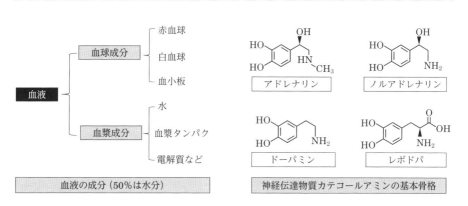

血液 ─ 血球成分 ─ 赤血球 / 白血球 / 血小板

血液 ─ 血漿成分 ─ 水 / 血漿タンパク / 電解質など

血液の成分（50％は水分）

アドレナリン

ノルアドレナリン

ドーパミン

レボドパ

神経伝達物質カテコールアミンの基本骨格

用語解説 **カテーテルアブレーション手術**：左心房と肺静脈の境目の神経を（1）焼灼または（2）冷凍凝固し電気信号が伝わらないようにして心房細動を治療する方法.

4 水と生活

下水道と浄化槽は快適な生活環境をつくる

下水道は生活排水と産業排水の両方を処理し水環境をきれいにする.
合併浄化槽は生活排水をきれいにし,川や海の汚れを防ぐ.

⬤ 公共下水道には分流式と合流式がある

公共下水道は,生活排水や産業排水を処理するだけでなく,川や海の汚れを防いで快適な生活環境をつくるのに役立っています.毎日使う川や湖の水をいつまでもきれいなままで使えるように,汚れた水をきれいにする施設が下水道の役割です.

私たちの生活排水や事業所の排水は,下水管を通って下水処理場まで流れ込み,そこで右図①のように活性汚泥法で処理され,きれいな水になって河川に放流されます.下水道の整備により家庭や事業所などから出た汚濁水が,衛生的に管理された状態で下水処理場まで排出できるようになり側溝や水路がきれいになります.

下水の排出方式には右図②のように「**分流式**」と「**合流式**」があります.

「分流式」では汚水は汚水管に,雨水は雨水管に,それぞれ別々の下水管路で流す方法です.分流式の汚水は下水処理場で処理されるので,川や海への汚水の直接流出がないので衛生的です.「合流式」は,汚水と雨水を同一の下水道管で流す方法です.合流式は,汚水管が1本で済むので,建設費が安く管理もしやすくなります.しかし,大雨が降ったときは汚濁水が未処理のまま川や海に放流されてしまうという欠点があります.日本の場合は,早くから下水道をつくった都市では合流式が多く,1970年以降の都市下水では分流式が多くなっています.

右図③は生活用水の利用状況と合併浄化槽の構造例です.合併浄化槽は家庭排水(風呂,トイレ,炊事,洗濯など)をまとめて生物処理するものでBOD (Bio Chemical Oxygen Demand:生物化学的酸素要求量) 20 mg/L以下,T-N (Total Nitrogen:全窒素) 20 mg/L以下,SS (Suspended Solid:懸濁物質) 15 mg/L以下にします.浄化槽は排水処理対象人数に応じて処理方式が決まっています.合併浄化槽の保守点検,清掃は有資格者が行います.

- ⊙ 下水道の整備は都市を衛生的にする.
- ⊙ 古い合流式下水道は大雨で汚水が流出することがある.
- ⊙ 合併浄化槽は家庭雑排水(トイレ,風呂,台所)をBOD20 mg/L,T-N20 mg/L以下に処理.

① 公共下水道の仕組み

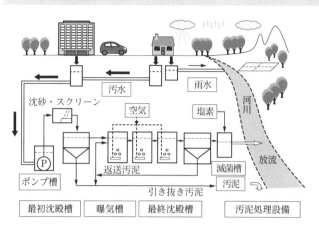

下水道は生活排水や工場排水の両方を浄化できる，難分解性物質があると完全には処理しきれない.

② 分流式と合流式の違い

新しい下水道は分流式がほとんどである．古い都市には合流式が残っている。合流式では台風や大雨のとき汚濁水が未処理のまま川や海に流出することがある.

③ 生活用水の利用状況と小型合併浄化槽の構造例

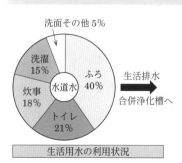

生活用水の利用状況

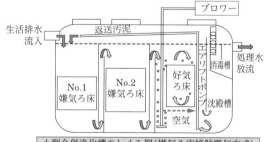

小型合併浄化槽のしくみ例(嫌気ろ床接触曝気方式)

用語解説　近代下水道：1884年近代下水道完成．1930年活性汚泥法による処理場完成.
浄化槽法：1983年浄化槽の保守点検規則などを定めた浄化槽法制定.

5 水のリサイクル - 節水と環境保全に貢献

水のリサイクルは経費節減にもなる

世界各地の水不足を背景に排水の再利用技術と節水の方法が注目される.

☽ 水のリサイクルは発生工程ごとに行うのが合理的

人の暮らしも産業活動も水なしでは成り立ちません. 今, わが国では節水や水のリサイクルを考えた環境負荷の少ない技術が求められています.

産業排水のリサイクルでは発生工程ごとに処理し, 循環使用することを推奨します. その理由は, 性状の異なる排水を一度混ぜてしまったら, その後の分離と精製が大変困難になるからです. 産業界(紙パルプ・製紙, 製鉄, 表面処理業など)の一部では, 工程内における水のリサイクルシステム構築を推進しつつあります. そこでは, 排水を工程内で再利用し, 新たな水の補給は濃縮により失われる水を追加する程度という現場もあります.

右図①の上は重金属系排水をRO膜処理＋イオン交換樹脂処理で再利用する事例です. 図①の下はシアン系排水を光オゾン酸化処理＋イオン交換樹脂装置を組み合わせて処理し, リサイクルする事例です.

右図②は, うがい, 手洗い, 生産工程における使用水量の節減と水洗段数の実験結果例です. 私たちは洗濯, 手洗い, 歯磨きなどのゆすぎで2～3回の水洗が効果的との体験をしていますが, 節水のために回分式の2～3回水洗を勧めます.

生産工程の節水の図では処理槽に入った品物はNo.1水洗槽→No.2水洗槽→No.3水洗槽の順を経て仕上がります. これに対して, 水洗水は品物とは逆方向のNo.3水洗槽に入ってからNo.2水洗槽→No.1水洗槽を経て排水として排出する工夫をします. これを**向流多段水洗**といいます. このとき, 同じ水洗効果を得るのに1段水洗では500 L/h以上の給水が必要ですが, 2段水洗にすると160 L/hの給水で済みます. 同様に, 3段水洗にすると70 L/hに減りますが4段水洗を行ってもあまり効果が上がりません. よって, ここでは3段水洗が効果ありということです.

- ● 水のリサイクルは発生源で個別に行うのが合理的.
- ● 水質の異なる排水は分別して処理する.
- ● 下水道料金を含む水道水の値段は1トンあたり300～370円(20 mm配管口径).

① 表面処理排水のリサイクルフローシート例

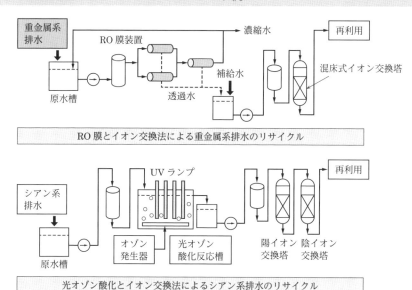

RO膜とイオン交換法による重金属系排水のリサイクル

光オゾン酸化とイオン交換法によるシアン系排水のリサイクル

② 生産工程やうがい，手洗いでは2～3段水洗が効果あり

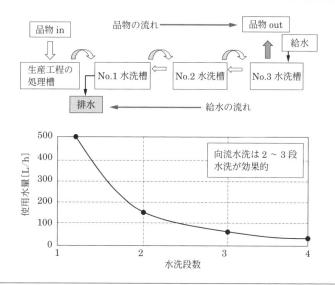

向流水洗は2～3段
水洗が効果的

 用語解説 **向流多段水洗**：品物の流れと水洗水の流れを反対方向で行う多段水洗方法．
光オゾン酸化：化学薬品を使わないで紫外線とオゾンだけで処理する技術．

コラム❶ 〜〜 日本茶の成分と老化防止 〜〜

　私たちが飲む日本茶を入れると黄緑色の成分がでてきます.

　これは黄色系色素(フラボノール類)とよばれ化学的な成分は「カテキン類」に属し,大別すると4種類あります. カテキン類はフェノール性水酸基(OH基)を多くもっているので抗酸化性があります. 実際に油脂に対する抗酸化性についての実験結果から, カテキン類の抗酸化性は加工食品に使われている抗酸化剤, たとえばBHA(ジブチルヒドロキシアニソール)やビタミンEよりも強いことが証明されています.

　カテキン類を構造式で示すと**下図①〜④**となります. 基本骨格はA,B,Cの六角環で構成されており, ①ECと②EGCのB環にOH基がそれぞれ2個と3個付いています. 同様に, ③ECgと④EGCgのB環にもOH基が2個と3個付いています. さらにC環にはOH基が3個付いています. お茶はこれらの構造のわずかな違いで性質の大半が決定されます. お茶は春から夏にかけて収穫されますが, 春に収穫される春茶①③に比べ夏に収穫される夏茶②④には抗酸化性物質が多く含まれている(B環にOH基が3個付いている)ので夏のほうが**老化防止に有効**とされています. 「**ワイン**」もフェノール性水酸基を多く含んでいるのでお茶と同様に抗酸化性がある飲み物です.

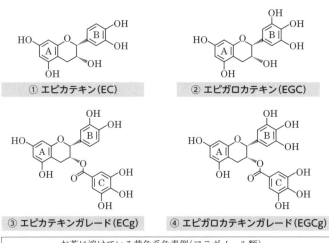

① エピカテキン(EC)　　② エピガロカテキン(EGC)

③ エピカテキンガレード(ECg)　　④ エピガロカテキンガレード(EGCg)

お茶に溶けている黄色系色素例(フラボノール類)

出典:山西貞 お茶の科学 p.183(裳華房)1997

2章

水処理技術で使う主な用語

　水処理技術には飲料水や工業用水をつくる「用水処理技術」と生活排水や産業排水を処理する「排水処理技術」の2つがあります.

　用水処理も排水処理も目的とする水質以上の水をつくる必要はありません. どちらも水処理のコストが関係してくるからです.

　水処理技術の中では水質を評価する独特の用語があります. 両方に共通した用語もありますがそれぞれ別に使われる場合もあります.

　ここではそれらの中から主な用語を選んで説明します.

6 pH−酸性やアルカリ性の度合いを測る尺度

pHは「ピーエイチ」または「ペーハー」と読む

pHの語源はラテン語のpounds Hydrogenii.
poundsは重量，Hydrogeniiは水素の意味.

pHの値は対数で変化する

pHは基本的に0〜14までの数値で表現し，7を中性とし，7より小さくなると酸性が強く，7より大きくなるほどアルカリ性が強くなります．pHは水素イオン指数とよばれ，**右表①**に示すようにモル濃度[溶液1L中に含まれる物質の量をモル〔mol〕で表した濃度]で表わすには数値が小さくて不便なので対数に置き換えて表示しています．表のように$[H^+] = 10^{-3}$ mol/Lの場合はpH3と表現します．

一例として，pH3の溶液1Lを水で薄めてpH4にするには10^{-4} mol/Lにするので理論上10倍量の希釈水が必要となります．このように，水処理の現場などでは水溶液のpH調整をするときに対数の概念で考えると便利です．

右図②に中和曲線の一例を示します．

Ⓐのように不純物を含まない酸性の水（pH2）に中和剤を加えると，pHは7付近で急に上昇します．Ⓑのように重金属やアルカリを消費する成分を含む排水の中和では初めにOHイオンが重金属などに消費されるので，中和剤を加えてもpHがなかなか上昇しません．実際の排水ではⒷのケースがほとんどです．

酸性食品とアルカリ性食品：レモン汁や梅干はpH2〜3で，なめると“すっぱい”ので確かに「酸」です．ところが，栄養学的には「アルカリ」食品に分類されています．栄養学でいう酸性・アルカリ性は食品そのものが酸性とかアルカリ性であるということではありません．食品を燃やして，その灰を水に溶かしたとき，酸性かアルカリ性を示すかで識別しています．

- pHは水の酸性，アルカリ性の強さを表す指標.
- pH2とpH3の酸溶液の濃度には10倍の差がある.
- 不純物のない水の中和では中性付近で急にpH値が変わる.

① モル濃度とpHの対比

[H⁺] のモル濃度	pH
10^{-2} mol/L	2
10^{-3} mol/L	3
10^{-7} mol/L	7
10^{-8} mol/L	8

pH2とpH3の水では酸濃度が10倍違います. 中和でpH値を1上げるには中和剤使用量は1/10 となります.

② 中和曲線

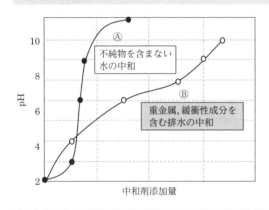

実際の排水を中和するとほとんどの場合, Ⓑの中和曲線を描きます. 有機酸, 炭酸イオン, 金属成分などがあるとほとんどはⒷの曲線となります.

③ 身近にあるいくつかの溶液のpH値

酸性～中性		中性～アルカリ性	
胃液	1.8 ～ 2.0	水道水	5.6 ～ 8.4
レモン汁	2.0 ～ 3.0	牛乳	6.4 ～ 7.2
食酢	2.4 ～ 3.0	母乳	6.8 ～ 7.4
ワイン	3.0 ～ 3.8	血液	7.4
炭酸水	4.5	唾液	7.2 ～ 7.4
雨	5.6	海水	8.3
尿	4.8 ～ 8.0	汗	7.0 ～ 8.0
コーラ	2.3	漂白剤	12.5
日本の土壌	4.2 ～ 5.5	石鹸水	9.0 ～ 10.0

胃液の主成分は塩酸(HCl), タンパク質分解酵素(ペプシン), 粘液および水分です. 胃液は1回の食事で約500～700 mL分泌され, pHは1.8～2.0の強酸性です. 胃が大きく動き食物と胃液を混ぜ合わせることで塩酸や消化酵素の働きにより, 食物の殺菌や消化が行われます.

 用語解説 モル:分子量の数字にグラムを付けた物質量を1[mol] という. たとえば, 水 (H₂O) は1 molが18 gとなる.

7 COD（化学的酸素要求量）

化学薬品で有機物や還元性物質を酸化するのに必要な酸素量

COD（Chemical Oxygen Demand）は酸化剤で汚濁成分を分解して測定.

⚫ CODには2つの測定法がある

CODは水中の被酸化性物質（有機物など）によって消費される酸化剤の酸素量〔mg/L〕のことです. CODは右図①のように試料水に酸化剤を加えて加熱し, 消費した酸化剤の酸素量から計算します. CODには (1) マンガン COD_{Mn} と (2) クロム COD_{Cr} があります.

(1) マンガン COD_{Mn}：過マンガン酸カリウムは硫酸酸性下で酸素を発生するので, その消費量からマンガン COD_{Mn} を求めます.

COD測定の操作概要を**右図②**に示します.

マンガン COD_{Mn} は日本における**法定試験方法**（**JISK-0102**）で国内では広く用いられています. マンガン COD_{Mn} は有害なクロムを使用しない, 操作時間が短いなどの利点がある一方, 酸化力が弱いので分解しきれない成分が残ります.

(2) クロム COD_{Cr}：クロム COD_{Cr} は酸化剤に二クロム酸カリウムを用います. 過マンガン酸カリウムよりも酸化力が強いのでほとんどの有機物が酸化されます.

この方法は海外で広く用いられています. **右表③**に示すように同一試料でもクロム COD_{Cr} はマンガン COD_{Mn} よりも高い値を示します.

一例として, 1%エチルアルコールのCODをクロム法で測ると 19,800 mg/L ですが, マンガン法では1/9の2,300 mg/Lとなります.

日本以外のほとんどの国々はマンガン COD_{Mn} ではなくクロム COD_{Cr} で水質を評価します.

双方のCOD値は大きく違うことがあるので, 外国で行う水質測定や装置設計では注意が必要です.

クロム法は二クロム酸塩, 硫酸水銀などの有害薬品を使うので試験後の廃液は確実に処理・処分をしなければいけません.

⚪ COD成分には有機物, 還元性物質などが含まれる.
⚪ マンガン COD_{Mn} は酸化力が弱いが短時間で測定できる.
⚪ クロム COD_{Cr} はほとんどの有機物を酸化する.

① COD測定の手順

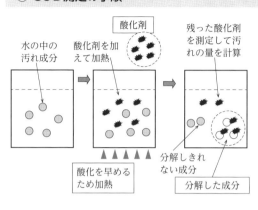

- COD値が高い水には酸素を消費する有機物や還元性物質が多く含まれています.
- COD_{Mn}とCOD_{Cr}では同じ物質でも10倍以上の差が出ることがあります.

② マンガンCOD_{Mn}とクロムCOD_{Cr}の違い

COD_{Mn}
操作概要

(1) 硫酸酸性下で 0.005 M $KMnO_4$ 溶液を加え, 沸騰水中で 30 分加熱.
(2) 0.0125 M シュウ酸ナトリウム溶液 10 mL 添加.
(3) 0.005 M $KMnO_4$ 溶液で滴定.

COD_{Cr}(強酸化力)
操作概要

(1) 硫酸酸性下で 1/240 mol/L 二クロム酸カリウム（KCr_2O_7）を加え 2 時間煮沸.
(2) 過剰の Cr_2O_7 イオンを 25 mol/L 硫酸アンモニウム鉄（Ⅱ）溶液で青緑→赤褐色まで滴定.

塩化物イオンが多い試料の COD_{Mn} 測定では前処理で硝酸銀を加えて Cl_2 を沈殿分離します. COD値が高い場合は液が透明になるまで銀を過剰に加えてから滴定すると結果が安定します.

③ COD_{Mn}とCOD_{Cr}の測定結果例

物質名（調整濃度1%）	COD_{Mn} [mg/L]	COD_{Cr} [mg/L]
エチルアルコール	2,300	19,800
メチルアルコール	4,000	14,300
酢酸	740	10,100
でんぷん	7,200	10,300
クエン酸	4,000	5,430
安息香酸	850	19,500

エチルアルコールとメチルアルコールではマンガンCOD_{Mn}値とクロムCOD_{Cr}値で3～9倍の差があります.

用語解説 　**有機物**：生物に由来する炭素原子を含む物質の総称.
COD_{Mn} 測定法：ウオーターバスと試薬があれば屋外の現場でも測定できて便利.

8 BOD （生物化学的酸素要求量）

微生物が有機物を分解するのに必要な酸素量

通常の排水ならば「BODは5日」で分解できる．

難分解性物質は分解しきれない

　BOD（Biochemical Oxygen Demand）は微生物が水中の有機物や汚濁成分を5日間で酸化分解するときに消費する酸素量をmg/Lで表したものです．

　イギリスのテムズ川の長さは約356 kmあり，上流の水が海に達するのに約5日かかります．その間にどのくらいの酸素が消費されるかという調査を1884年にデュプレという人が行い，BOD5という指標を提唱したのがBOD5の始まりとされ，これ以降，BOD5が世界的に普及しました．ところが，水中の成分によっては分解に5日以上かかるものもあります．

　右図③はBOD酸化日数の例で，生物分解のしやすさを比較したものです．（1）の物質（エチルアルコールや生活排水など）は分解しやすく5日でほとんど分解されます．（2）（アセトニトリル）（3）（エチルエーテル）は難分解性物質で分解に5日以上かかります．（4）（ピリジン）は生物阻害物質で全く分解しません．

　湖沼と海はCOD，川がBODで評価される理由：湖沼と海域は水が滞留しているので，植物プランクトンがたくさん生息しています．植物プランクトンは光があると炭酸同化作用により酸素を吐き出します．BODは光を遮断して測定するので，試料中に植物プランクトンがあると水中の酸素を消費してしまいます．これでは，せっかくBOD測定をしてもバクテリアが酸素を消費したのか，植物プランクトンが酸素を消費したのか区別できません．

　そこで，植物プランクトンの多い湖沼と海域はCOD評価となりました．

　河川水にも植物プランクトンは存在しますが，流水なので測定に障害を与えるような数は存在しません．これらの理由で河川水はBOD評価となりました．

- ● 湖沼と海はCOD，川はBODで評価する．
- ● 排水の中にはBOD5で分解しきれない成分もある．
- ● BODは低くなってもCODが低下しない排水もある．

① BOD5の概要

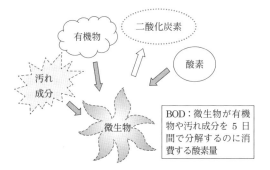

BOD値が高い水は有機物濃度が高く，BOD値が低い水は有機物濃度が低いか，生物分解しにくい成分が含まれています．

② BOD5の測定方法

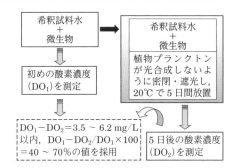

BOD5の測定は5日間ということになっていますが，試料水によっては10日も20日もかけて測定することがあります．

③ BOD時間曲線の関係例

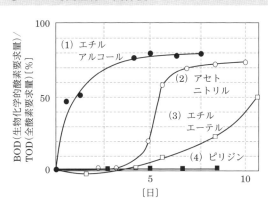

左に示す物質の初期濃度
(1)エチルアルコール　3mg/L
(2)アセトニトリル　4mg/L
(3)エチルエーテル　2mg/L
(4)ピリジン　3mg/L
参考文献：左合正雄ほか 下水道協会誌 24，No.11，（1965）

用語解説 **BOD**：BODはBOD5日が標準．試料水によってはBOD20日の場合もある．
炭酸同化作用：生物が光，CO_2，水分から炭水化物を合成する作用．

9 酸化と還元 – 水処理の基本

酸化と還元は同時に起こる

酸化と還元は自然界や私たちの体内などでいつも繰り返されている.

酸化剤は生物に有害

　酸化は古くから「物質が酸素と結び付くこと」, 還元はその逆の「物質が酸素を失うこと」とされてきました. 製鉄所では酸化鉄と炭素を反応させて鉄をつくります. ここで, 酸化鉄は**還元**されて鉄となり, 炭素は**酸化**されて一酸化炭素となります. このように, 酸化と還元は同時に起こります. 同様に (1) 金属銅 (Cu^0) は空気中の酸素と徐々に反応し, 表面は褐色の酸化銅 (CuO) に変わります. 次に, (2) 酸化銅 (CuO) が水素と反応すると酸素が奪われて元の金属銅 (Cu^0) に戻ります. ここでは (1) を**酸化**といい (2) を**還元**とよびます.

　酸化, 還元はもともと金属と酸素との化学反応を表す呼称でした.

　その後, 次の I ～ III の現象も含めて酸化とよぶようになりました.

　I　ある物質が電子を失う反応

　II　水素化合物から水素が奪われる反応

　III　ある物質の酸化数が増えること

　酸化と還元反応の要約を**右図①**に示します.

　右表②は水処理で使われる酸化剤と還元剤の反応例です.

　酸化剤の代表的なものにハロゲン族のふっ素 (F), 塩素 (Cl), 臭素 (Br), ヨウ素 (I) があります. これらはいずれも電子を取り込むことによって原子内の電子状態が安定化します. 一般に, 塩素に代表される酸化剤は生物にとって有害です.

　還元剤は酸化剤の裏返しと考えれば理解しやすく, 自分自身が酸化されやすいので相手を還元します. ビタミン C (アスコルビン酸) は還元剤でパセリには 230 mg/100 g, レモンには 90 mg/100 g も含まれており, 健康食品とされています.

- 酸化・還元反応は4通りの現象から説明できる.
- 塩素は強力な酸化剤で生物には有害.
- 還元剤の代表格ビタミンCは健康食品.

① 酸化と還元

(1) 酸化

$2Cu + O_2 \rightarrow 2CuO$

（Ⅰ）物質が酸素と結合

○ 脱電子(e^-)

（原子）

$2Cu \rightarrow 2Cu^{2+} + 4e^-$

（Ⅱ）物質が電子を失う

水素を失う(酸化)

$2H_2S + O_2 \rightarrow 2S + 2H_2O$

（Ⅲ）物質が水素を失う

$2H_2S + O_2 \rightarrow 2S + 2H_2O$

S原子の酸化数増加($S^{-2} \rightarrow S^0$)

（Ⅳ）物質の酸化数増加

> 鉄製品は空気中に放置しておく と酸化して自然に錆びてきます. 錆びの発生を防ぐには鉄が空気 中の酸素に触れなければよいの で，防錆剤塗布，塗装，めっき などの処置をします.

(2) 還元

$CuO + H_2 \rightarrow Cu + H_2O$

（Ⅰ）酸化物が酸素を失う

○ 電子和(e^-)

（原子）

$Cl_2 + 2e^- \rightarrow 2Cl^-$

（Ⅱ）物質が電子を得る

水素と結合(還元)

$2H_2S + O_2 \rightarrow 2S + 2H_2O$

（Ⅲ）物質が水素と結合

$2H_2S + O_2 \rightarrow 2S + 2H_2O$

O原子の酸化数減少($O^0 \rightarrow O^{-2}$)

（Ⅳ）物質の酸化数減少

> りんご，赤ワイン，黒豆などに 含まれるポリフェノールは老化 やがんの要因とされる活性酸素 を除去する働きが知られていま す．これはこれらの食品のもつ 還元作用に由来しています.

② 酸化剤と還元剤の反応

酸化剤	オゾン	$O_3 \rightarrow O_2 + (O)$
	過酸化水素	$H_2O_2 \rightarrow H_2O + (O)$
	過マンガン酸カリウム	$2MnO_4^- + 6H^+ \rightarrow 2Mn^{2+} + 3H_2O + 5(O)$
	塩 素	$Cl_2 + H_2O \rightarrow 2HCl + (O)$
	二クロム酸カリウム	$Cr_2O_7^{2-} + 8H^+ \rightarrow 2Cr^{3+} + 4H_2O + 3(O)$
	ふっ素	$F_2 + H_2O \rightarrow 2HF + (O)$
	希硝酸	$2HNO_3 \rightarrow 2NO + H_2O + 3(O)$
還元剤	亜硫酸ナトリウム	$Na_2SO_3 + 2H^+ \rightarrow 2Na^+ + H_2O + SO_2$
	シュウ酸	$H_2C_2O_4 + (O) \rightarrow 2CO_2 + H_2O$
	水 素	$H_2 + (O) \rightarrow H_2O$
	硫化水素	$H_2S + (O) \rightarrow S + H_2O$
	酸化鉄（Ⅱ）	$2Fe^{2+} + 2H^+ + (O) \rightarrow 2Fe^{3+} + H_2O$
	塩化スズ（Ⅱ）	$Sn^{2+} + 2H^+ + (O) \rightarrow Sn^{4+} + H_2O$

> 酸化剤は有機物の分 解，有害細菌の滅菌な どに使われます. 還元剤は工業用水中の 酸素除去，酸化物処理 などに使われます.

用語解説
ハロゲン族：ふっ素，塩素，臭素，ヨウ素をまとめてハロゲン族とよぶ.
還元剤：疲労は酸化が原因だが還元剤のビタミンCをとれば回復が早まる.

10 ORP（酸化還元電位）

酸化・還元の強弱を測るものさし

ORP（Oxidation Reduction Potential）の値がプラスならば酸化性，マイナスならば還元性である．

☽ 水道水の ORP 値は高い

酸化還元電位は水中に含まれる成分の酸化力と還元力の差を表したもので ORP とよばれます．

ORP は水中の成分が他の物質を酸化しやすい状態にあるのか，還元しやすい状態にあるのかを表す指標です．したがって，ORP 値がプラスで大きければ，酸化力が強く，マイナスが大きければ還元力が強いということになります．

右図①は私たちの身近にあるいくつかの溶液の pH と ORP の関係例です．

水道水の pH は 6.8〜7.5，ORP 値は ＋400〜＋700 mV です．飲料水にしては ORP 値が高いと思われますが，主な原因は水道水中の残留塩素によるものです．

図①に示すように，人間の体液は弱酸性〜中性で還元性に保たれています．これらのことから，酸化した食べ物や古い油を使った食品は健康を損なうおそれがあります．

試みに，ORP ＋500 mV の水道水 500 mL に日本茶の葉を 1g 加えて 1 分撹拌すると ORP は ＋50 mV にまで低下します．

これは，水道水中の残留塩素が茶葉の還元物質（天然フラボノイド成分）により除去されたからです．生の水道水を飲むよりも「冷茶」のほうが健康によさそうです．

代表的な化学物質の酸化還元電位：右表②に代表的な物質の酸化還元電位を示します．過酸化水素（H_2O_2），塩素（Cl_2），二クロム酸イオン（$Cr_2O_7{}^{2-}$）などは ORP 値が高いので酸化性が強いということになります．これに対して，二酸化炭素（CO_2），亜硫酸イオン（$SO_3{}^{2-}$）などは ORP 値がマイナスなので還元性物質となります．

ワインの酸化防止剤には紀元前から亜硫酸塩が使われています．

○ ORP 値がプラスなら酸化性，マイナスなら還元性．
○ 健康な人の体液は還元性に保たれている．
○ 酸化剤，還元剤は用水・排水処理で広く使われている．

① いくつかの溶液のpHと酸化還元電位

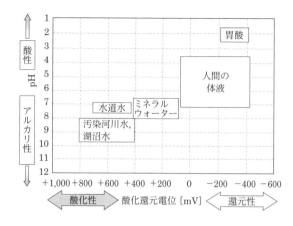

酸化力が強い水には殺菌性があります. 還元力が強い物質は, 酸化性物質を取り込んでその力を消します.

② 代表的な物質の酸化還元電位 E〔V〕

酸化還元反応	E〔V〕
$H_2O_2 + 2H^+ + 2e = 2H_2O$	1.77
$Cl_2 + 2e = 2Cl^-$	1.36
$Cr_2O_7{}^{2-} + 14H^+ + 6e = 2Cr^{3+} + 7H_2O$	1.33
$Fe^{3+} + e = Fe^{2+}$	0.77
$O_2 + 2H^+ + 2e = H_2O_2$	0.68
$SO_4{}^{2-} + 4H^+ + 2e = H_2SO_3 + H_2O$	0.17
$S + 2H^+ + 2e = H_2S$	0.14
$2H^+ + 2e = H_2$	0.00
$CrO_4{}^{2-} + 4H_2O + 3e = Cr(OH)_3 + 5OH^-$	−0.13
$CO_2 + 2H^+ + 2e = HCOOH$	−0.20
$2SO_3{}^{2-} + 2H_2O + 2e = S_2O_4{}^{2-} + 4OH^-$	−0.12

ORP＋500 mVの水道水500 mLに日本茶1 gを加えるとORP＋50 mVに低下します.
これは水道水中の残留塩素が茶葉中の成分により還元除去されたためです.

 用語解説 **残留塩素**：水道の塩素殺菌後も残っている塩素. 遊離残留塩素（次亜塩素酸）と結合残留塩素（有機性窒素化合物などと結合した塩素）がある.

11 電気伝導率 – 水の種類で異なる

水の電気の伝わりやすさを示す尺度

電気伝導率（EC：Electric Conductivity）は，水の電解質濃度を知る指標として広く用いられる．

● ECとTDSの値には相関性がある

電解質（NaClなど）を含む水はH_2Oが水素イオン（H^+）と水酸イオン（OH^-）に電離しますが，塩分を含まない純水な水はH_2Oだけなので電気を通しません．電気の伝わりやすさ（電気伝導率）は水に含まれる電解質の多少に応じて変化します．

右表①は主な水の電気伝導率，電気抵抗の関係例です．

電気伝導率はpH，ORPと同様に，測定しようとする試料水に電極を浸すだけですぐに値がわかるので簡便な手段です．たとえば電気伝導率0.5 μS/cmの脱イオン水をビーカーに採り，数時間後に同じ水の電気伝導率を測ると3 μS/cm程度に上昇します．これは空気中の二酸化炭素（CO_2）や酸素（O_2）が純水に溶け込んだ結果です．

右図②はNaCl溶液の電気伝導率，電気抵抗，温度の関係です．

理論的に考えられる全く純粋な水の電気伝導率は0.05479 μS/cm（25℃）で電気抵抗18.25 MΩ・cmで完全な絶縁体となります．

逆浸透膜やイオン交換樹脂を使って水から電解質を取り除いていくと電気伝導率はどんどん小さくなっていきます．しかし，電解質を完全に取り除いても電気伝導率はゼロとはなりません．理由は水の分子自体がごくわずかにH^+とOH^-にイオン化しているからです．電気伝導率は水中に含まれる陽イオン，陰イオンの合計と相関性があり，同一水系の水ではpH5～9の範囲で**TDS**（Total Dissolved Solid：全溶解固形分）と近似的に比例します．多くの場合，電気伝導率とTDSとの比は1対0.5～0.8の範囲です．一例をあげれば日本近海の海水の電気伝導率（EC）は44,000 μS/cmくらいで，TDSは34,000 mg/L程度です．これはTDS/EC = 0.77に相当し，おおむね上記比率の範疇に入ります．

◉ 純粋な水は電気を通さない．
◉ 電気伝導率は塩分濃度におおむね比例する．
◉ 理論純水は現実にはつくれない．

① 主な水の電気伝導率, 電気抵抗の関係

電気伝導率 〔μS/cm〕	電気抵抗 〔Ω・cm〕	水の種類
1,000,000	1	化学薬品
100,000	10	産業廃棄物処理水
44,000	22.7	海水
10,000	100	産業排水
1,000	1 k	工場水洗水
100	10 k	水道水
10	100 k	雨水
1	1 M	純水
0.1	10 M	超純水
0.05479	18.25 M	理論純水

電気伝導率は測定が簡単で, 水に溶解した塩分濃度を知る目安になります.

② NaCl溶液の電気伝導率, 電気抵抗, 温度の関係

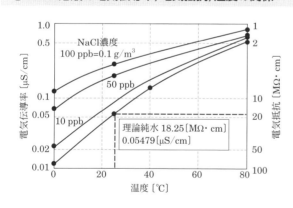

イオン交換装置から出て大気に触れた純水 (電気伝導率 0.1 μS/cm) は数時間も経過するとたちまち電気伝導率が上昇するので測定は配管内で行うのがポイントです.

用語解説
電解質:水に溶けて陽イオン, 陰イオンに電離する物質. Na^+, Cl^-などがある.
TDS:水中に溶解しているあらゆる物質 (塩分, 有機物など) の含有量の指標.

12 アルカリ度 - 地下水や地質条件を知る指標

アルカリ度は特定の成分を表す指標ではない

アルカリ度の変化で，地下水や土壌の特性がわかる．

⚫ アルカリ度は炭酸と関係が深い

アルカリ度は酸消費量ともいいます．水中に含まれる炭酸水素塩，炭酸塩，水酸化物などのアルカリ成分を酸標準液で滴定して，消費した酸の量を試料1Lについてのmg当量か，これに相当する炭酸カルシウム($CaCO_3$)の量〔mg/L〕に換算して表します．

雨水は自然の蒸留水なのでアルカリ分をほとんど含みません．これに対して，地下に浸透した雨水は土壌や岩石と出合って，やがてアルカリ分を含んだ水となります．したがって，アルカリ度は地下水やその付近の地質条件を知るための指標になります．地下水中の二酸化炭素(CO_2)は土壌中の生物呼吸や有機物のバクテリア分解により発生したものと考えられます．

このCO_2は地下水と作用してまず，炭酸(H_2CO_3)となり，これがpH値によって炭酸水素イオン(HCO_3^-)や炭酸イオン(CO_3^{2-})となり水に溶解したアルカリ度成分となります．

右図②にpHの変化とCO_2，HCO_3^-，CO_3^{2-}の関係を示します．

炭酸イオンの変化はpH値に大きく依存するのでアルカリ度による酸消費量を知ればその水の特性がわかります．

一般にアルカリ度が高い水は以下の特性があります．

I　pHが高くナトリウム，カリウムを含む．
II　カルシウム，マグネシウムを溶かしている場合は硬度が高い．
III　ケイ酸，シリカ(SiO_2)成分を含む．

右図③にアルカリ度と中和曲線の関係例を示します．アルカリ成分を含む天然水に酸を滴下して中和し，滴下量とpHの関係を描くとアルカリ度の成分が予測できます．

⚫ 水中の硬度成分を取り除くことを軟化処理とよぶ．
⚫ 軟化処理には石灰ソーダ法とイオン交換樹脂法がある．
⚫ 日本の水はほとんどが軟水．

① アルカリ度と雨水, 地下水の関係

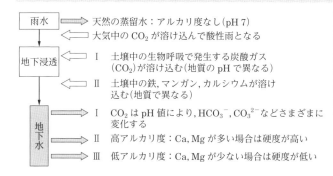

雨水	⇒ 天然の蒸留水：アルカリ度なし(pH 7)
	⇐ 大気中の CO_2 が溶け込んで酸性雨となる
地下浸透	⇐ I 土壌中の生物呼吸で発生する炭酸ガス (CO_2) が溶け込む(地質の pH で異なる)
	⇐ II 土壌中の鉄, マンガン, カルシウムが溶け込む(地質で異なる)
地下水	⇒ I CO_2 は pH 値により, HCO_3^-, CO_3^{2-} などさまざまに変化する
	⇒ II 高アルカリ度：Ca, Mg が多い場合は硬度が高い
	⇒ III 低アルカリ度：Ca, Mg が少ない場合は硬度が低い

雨水は自然の蒸留水なので不純物をほとんど含みません. 空気中の二酸化炭素や窒素などを吸収するとしだいに汚染されてpHが下がってきます.

② pHと炭酸イオン(CO_3^{2-})の関係

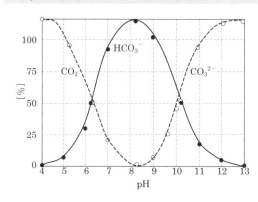

炭酸イオン (HCO_3^-) は pH 4 以下になると, 全部二酸化炭素 (CO_2) に変化します. コーラなどの炭酸飲料は pH 3 以下の酸性なのでコップに注いで放置すれば炭酸が自然になくなります.

③ アルカリ度と中和曲線の関係

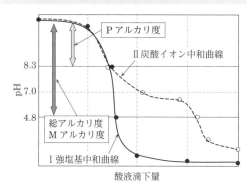

総アルカリ度の高い水は pH が高く, 炭酸イオンや硬度成分を多く含んでいます. アルカリ度の低い水は不純物が少ない水です.

用語解説 滴定：容量分析の1手法. 濃度未知の試料の一定量を既知濃度の標準試薬で測定し濃度を計測する方法.

13 塩素殺菌−利点と欠点の理解が大切

塩素の殺菌効果は長く持続するのが利点

塩素は水道水の殺菌には有力な浄化手段ですが，過剰に加えると発がん性物質（トリハロメタン）副生の懸念がある.

塩素殺菌は弱酸性が効く

次亜塩素酸ナトリウムは右表①に示すように飲料水，食器などの殺菌をはじめ，野菜・果実の殺菌，繊維や紙の漂白などに古くから使われています.

近年，循環式浴槽水，プール水，冷却塔水，加湿器などにおいて，レジオネラ菌による感染例が多く報告されています.これを受けて，平成13年9月，厚生労働省は浴槽水の消毒に用いる塩素系薬剤は，浴槽水が循環ろ過器に入る直前に設置することが望ましく，浴槽水中の遊離残留塩素濃度を1日2時間以上0.2〜0.4 mg/Lに保つことが望ましいとしています.

右図②はレジオネラ菌の模式図と残留塩素がなくなった加湿器や冷却塔の水で発生したレジオネラ菌が空気中に飛散してヒトの肺へ侵入する模式図です.

右図③はpH 1〜10における塩素（Cl_2），次亜塩素酸（$HClO$）および次亜塩素酸イオン（ClO^-）の存在比です.アルカリ性の次亜塩素酸ナトリウム溶液に酸を加えていくとpHが下がり，次亜塩素酸の比率が増加します.したがって，アルカリ側よりpHが低いと殺菌効果が高まります（pH 5が最大効果）.水道水質基準のpH 8.6以下（pH 5.8〜8.6）という数値はこれらを根拠としています.飲料水の基準では残留塩素が1 mg/L以下と定められていますが実際には0.1〜0.4 mg/Lで管理されています.これにより，飲料水の細菌学的な衛生は保たれています.このように，塩素殺菌は水道水の有力な浄化手段ですが水源が汚染してくるとどうしても塩素を過剰に加えるので浄水の工程では意図しなかった発がん性のトリハロメタンを副生する可能性が増加します.したがって，水源を汚染しないように管理することが大切です.

- 塩素殺菌は細胞膜を破壊することで達成される.
- レジオネラ菌：土壌や水に広く分布.在郷軍人病ともよばれ，かかると肺炎を起こす.
- 汚れた水に塩素を過剰に添加するとトリハロメタンを副生しやすくなる.

① 次亜塩素酸ナトリウムの用途とレジオネラ菌の基準値

用　途	実効有効塩素 [mg/L]
水(飲料水，排水)の殺菌	約 0.8
食器類の殺菌	約 100
野菜・果実類の殺菌	約 100
浴室，浴槽，便器などの殺菌	約 600
しみぬき，繊維・紙の漂白	600 〜 2,000

種　類	レジオネラ属菌の基準値
冷却塔水	100 cfu/100 mL 未満
浴槽水 (循環式浴槽)	検出されないこと (10 cfu/100 mL 未満) COD：25 mg/L 以下 大腸菌群：1 個/ mL 以下

cfu：コロニー形成単位(Colony forming unit) 微生物学である量の微生物(細菌など)をそれが生育する固体培地上にまいたときに生じるコロニーの数.

② レジオネラ菌が加湿器や冷却塔から人に飛散するようす

レジオネラ菌の模式図

約 2.2 μm

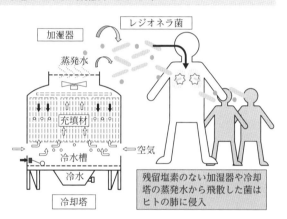

レジオネラ菌

加湿器

蒸発水

充填材

冷水槽

冷水

空気

冷却塔

残留塩素のない加湿器や冷却塔の蒸発水から飛散した菌はヒトの肺に侵入

③ 各pHにおけるCl₂, HClO, ClO⁻の存在比

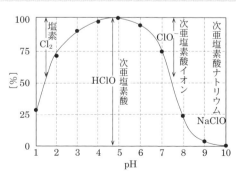

塩素の殺菌効果が最も高いのはpH 4.8付近です.
あまりpHを下げすぎて酸性にすると塩素ガスを発生して事故を起こすので注意を要します.

用語解説 殺菌効果：Ⅰ塩素は細胞膜を破って殺菌力を発揮．Ⅱ紫外線は 254 nm の光が細胞の遺伝子を損傷して殺菌．Ⅲエタノールは 80% 水溶液が細胞膜を破壊．

コラム❷ 🌊 コロイドの電気二重層と地球の宇宙空間 🌊

　水中の小さな粘土粒子（1 nm〜1 μm）にアルミニウム（Al^{3+}）など3価の無機塩を加えると凝集することが経験的に知られていました.

　この結果は1886〜1900年にシュルツ（ドイツ）らによって整理して法則化されました. そして，後にDLVO理論と命名され理論的支持を得ました.

　粘土粒子はもともとマイナスを帯びた微粒子で**下図左**では電気二重層（カチオンとアニオンが混ざり合った層）が微粒子を取り囲み，粒子どうしが反発しあっています. ここに3価の無機塩を作用させると電気二重層が圧縮され，反発が弱まり凝集効果が促進されます. DLVO理論によればイオンの価数が多い無機塩ほど電気二重層を圧縮する力が大きくなります.

　下図右は地球を取り巻く空間の模式図で直径が12,730 kmもあります. これを大気（対流圏，成層圏，大気圏）が取り囲み100 kmを超えるともうそこは宇宙空間です. **下図左**のわずか直径1 μmの微粒子を取り巻く電気二重層と**下図右**の12,730 kmもある巨大な地球の宇宙空間の構造を見比べると根本的には似ており，自然界は同じ法則で動いているようにみえます. 大きさの大小に関わらず粘土粒子と巨大な地球は自然の摂理に従い，たゆみない宇宙の営みを続けています.

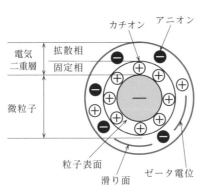

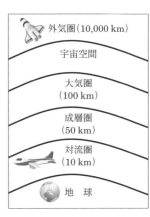

微粒子を取り巻く電気二重層の概念 　　地球を取り巻く宇宙空間

3章

生活用水をつくる

　生活用水の原水には，河川や湖沼，ダム湖などの地表水，地下を流れる伏流水，井戸水，地下水などがあります．

　以前は川の水や井戸水をそのまま水道として利用していましたが，水源の汚染によるコレラや赤痢などの感染症が多発したため，現在では浄水場でろ過，殺菌が行われています．

　浄水場できれいになった飲料水は長い配管や水タンクを経て家庭の蛇口にたどり着きます．その間に殺菌用の塩素濃度が低下して雑菌が繁殖している可能性があります．

　これらのことから，朝一番の水は飲まないで調理以外の洗浄水に使うことを勧めています．

　ここでは生活用水をつくるための技術について説明します．

14 緩速ろ過と急速ろ過

緩速ろ過は生物による膜ろ過，急速ろ過は物理的なろ過

水道水を砂ろ過で浄化する方法には①緩速ろ過法と②急速ろ過法がある．

緩速ろ過法の水はおいしい

水道水を砂ろ過で浄化するには①緩速ろ過法と②急速ろ過法があります．

①緩速ろ過法は，**右図①**のように砂を充填したろ過層に汚濁水を流します．こうすると表層と内部の砂表面に微生物が繁殖します．表層では微生物が膜状になって「生物膜」によるろ過が行われます．緩速ろ過は生物の力を利用して汚濁水を浄化するのでろ過速度は1日に$1m^2$の砂ろ過面あたり$4〜5 m^3$程度のゆっくりした速度でろ過します．緩速ろ過法は化学薬品を使わないでアンモニア，鉄，マンガン，合成洗剤，細菌なども除去できるうえにろ過水がおいしいという長所があります．

②急速ろ過法は，**右図②**のように第一工程でポリ塩化アルミニウムなどの凝集剤を使って沈みにくい微粒子を大きな粒子に変えて沈殿させます．

第二工程ではろ過砂が充填してある砂層全体で急速ろ過を行います．

ろ過速度は1日$120 m^3/m^2$で緩速ろ過の約30倍です．ろ過速度が大きい分だけろ過池を小さくできるので敷地面積が小さくて済みます．急速ろ過法は緩速ろ過法のように細菌類，水溶性有機物，アンモニア，合成洗剤などを除去できません．そのため，塩素殺菌を行いますが塩素系副生成物(トリハロメタン，結合塩素，塩素酸など)が生成して水の味を悪くします．緩速ろ過法は1829年ロンドンの水道会社の技師が開発しましたが，この方法は濁りの多いアメリカ大陸の水のろ過には効果がありませんでした．1885年にアルミ系凝集剤や塩素を使ったアメリカ独自の急速ろ過方式が誕生しました．これが1945年にアメリカの**進駐軍**によって日本に伝えられ今日に至っています．

- 急速ろ過法で濁りは取れても溶解物質までは除けない．
- 日本の浄水方法は大半が急速ろ過方式．
- 進駐軍：1945年8月の終戦後，日本を占領した米軍主体の連合国軍．

① 緩速ろ過の模式図

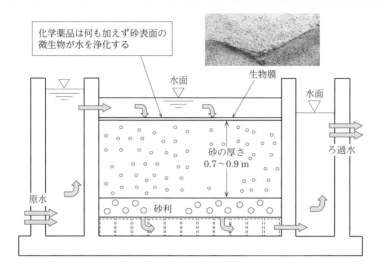

化学薬品は何も加えず砂表面の微生物が水を浄化する

水面

生物膜

水面

ろ過水

砂の厚さ
0.7〜0.9 m

原水

砂利

② 急速ろ過の模式図

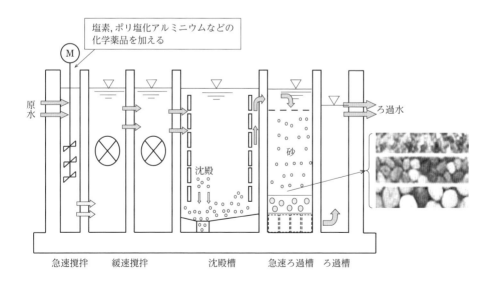

塩素，ポリ塩化アルミニウムなどの化学薬品を加える

M

原水

ろ過水

沈殿

砂

急速撹拌　　緩速撹拌　　　　沈殿槽　　急速ろ過槽　ろ過槽

用語解説 **生物膜**：川底の石や砂には「生物膜」が付着しており，これが汚濁水中の有機物，アンモニアなどを分解して浄化する．緩速ろ過はこれと同じしくみ．

15 凝集処理–小さな粒子を寄せ集める

電気的中和と架橋作用の組み合わせ

河川水の中には，長時間放置しても沈まない粘土質の微粒子（1nm～1μm）
がある.

凝集剤には無機系と有機系がある

　長時間放置しても沈まない水中の粘土質微粒子をコロイド粒子（1 nm～1 μm）と
いいます. 身近な例では，墨汁，牛乳などがあります. 水中のコロイド粒子の表面
はマイナスに帯電し，互いに反発しあっているので，そのままではいつまでたって
も沈降しません. ところが，凝集剤で電気的に中和すると「凝集」して大きなフロッ
クとなり水に沈むようになります. 主な凝集剤の種類を**右表①**に示します.

　Ⅰ　無機凝集剤は微粒子の表面電荷を中和して凝集させます. これには，硫酸ア
　　　ルミニウム，ポリ塩化アルミニウム，塩化第二鉄などがあります.

　Ⅱ　有機系高分子凝集剤は分子量100万以上の高分子物質で，架橋（橋かけ）作用
　　　によりフロックを粗大化させます.

　右図②左はマイナスに帯電したコロイド粒子を硫酸アルミニウムなどの正電荷の
凝集剤で中和，凝集し，次いで，これに陰イオン系高分子凝集剤を加えてフロック
を粗大化させる経過を模式的に示したものです. こうすると初めは電気的に反発し
あって分散していたコロイド粒子もついには大きなフロックの固まりとなり，容易
に沈殿分離します. 私たちは味噌汁にトロロコンブを入れると浮いている大豆の粒
が「凝集」して沈む現象を経験します. これはコンブに含まれるアルギン酸ナトリウ
ムの作用によるものです. 同様にわかめ，ひじきなどの海草類に含まれる粘質多糖
類は体内の「廃棄物」を「凝集」して体外に排出する役目を果たしており，人の健康維
持に役立っています.

- 水中の微粒子は電気的に反発しあって沈まない.
- 水中の微粒子は表面電荷を中和すれば凝集する.
- 凝集には無機系と有機系の凝集剤の併用が効果的.

① 主な凝集剤の種類と性質

	区分	名称	使用pH	飲料水適用の可否	備考
無機系	アルミ系	硫酸アルミニウム	6～8	○	・一般的な凝集剤
		ポリ塩化アルミニウム	6～8	○	・最も一般的 ・pH低下小
	鉄系	塩化第二鉄	9～11	○	・処理水に着色することあり
有機系	陰イオン系	アルギン酸ナトリウム	6以上	○	・架橋作用 ・過量使用不可
		CMCナトリウム塩	6以上	○	・架橋作用 ・過剰使用不可
	陽イオン系	第4級アンモニウム塩	6以上	×	・コロイドに単独使用で有効
	非イオン系	ポリアクリルアミド類	6以上	×	・高分子凝集剤として有効

無機系凝集剤は凝集の前段で使います.
有機系高分子凝集剤は後段で使うと効果があります.

② コロイドの凝集反応とアルギン酸塩を含む粘質多糖類

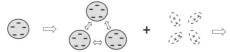

水中のコロイド粒子
（大きさが1～100nm
程度の粒子）

マイナスに帯電. 電気
的に反発・分散してお
り, 沈殿しにくい.

硫酸アルミニウムなど
の凝集剤を加えると

電気的に中和されて
凝集コロイドとなる

さらに高分
子凝集剤を
加えると

凝集コロイドが粗大化
してフロックとなる

コンブ
ワカメ
もずく
ひじき

粘質多糖類

粘質多糖類の種類

用語解説 　**架橋作用**：コロイド物質の表面に吸着し, 三次元的にコロイドをからめる作用.
　　　　　　無機系凝集剤：主成分は3価のアルミニウムイオン, 3価の鉄イオンで構成.

16 塩素殺菌は浄水処理に必要

飲料水の水質は，水源が汚れると悪くなる

現在，水道水を供給する施設の多くは，1960〜1970 年代につくられた
急速ろ過法である．

☀ 砂ろ過だけでは良好な水質確保が難しい

現在，水道水を供給している施設の多くは1960〜1970年代につくられたもので，急速ろ過法による除濁と塩素による消毒を主としたものです．

急速ろ過法のろ過速度は1日120〜150 m（m³/m²・日）です．これは緩速ろ過の30倍くらいの速さに相当します．急速ろ過法はたくさんの水を得ることができますが，緩速ろ過法と違って，水溶性有機物，合成洗剤，細菌などを除く効果はあまりありません．

ろ過工程をすり抜けた細菌や水溶性有機物などは塩素で酸化処理します．水源の水には，赤痢やコレラなどを起こす病原菌が含まれている可能性があります．そのため，上水道処理ではこれらの病原菌を殺すための塩素処理は欠かすことができません．

右図①に塩素の効果と副作用を示します．

塩素は鉄，マンガン，アンモニア，有機物などの酸化除去に役立っていますが，一方で浄水の工程では意図しなかった有害なトリハロメタンを副生します．最近の河川水には産業排水や生活排水が混在しています．この中には難分解性物質の「フミン質」とよばれるものが含まれています．この物質はし尿処理水，下水処理水，産業排水などの中に生物分解しきれずに残っています．**右図②**は塩素接触時間とクロロホルム生成量の関係例です．フミン酸10 mg/Lに塩素を10 mg/L添加するとクロロホルムが直線的に生成され，およそ24時間後に400 μg/Lとなります．こうして水中のフミン質が塩素と反応して，有害なトリハロメタンを副生します．このように，塩素処理は殺菌に貢献しますが，一方で有害物副生の悪役も演じています．

- 水源がきれいであれば塩素添加は少しでよい．
- フミン質と塩素は有害なクロロホルムを生成する．
- 塩素処理の効果は「もろ刃の剣」と同じ．

① 塩素の効果と副作用

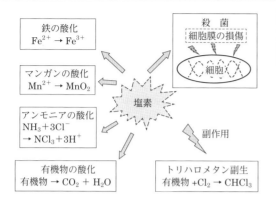

鉄の酸化
$Fe^{2+} \rightarrow Fe^{3+}$

マンガンの酸化
$Mn^{2+} \rightarrow MnO_2$

アンモニアの酸化
$NH_3 + 3Cl^-$
$\rightarrow NCl_3 + 3H^+$

有機物の酸化
有機物 $\rightarrow CO_2 + H_2O$

殺　菌
細胞膜の損傷

細胞

塩素

副作用

トリハロメタン副生
有機物 $+Cl_2 \rightarrow CHCl_3$

塩素殺菌は細胞膜を破って細胞液を外に出してしまうので，細胞は完全に死滅します．

② 塩素接触時間とクロロホルム生成量

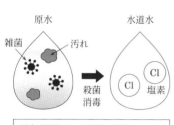

原水　　　水道水

雑菌　　汚れ

Cl　Cl
塩素

殺菌
消毒

原水が汚れると過剰の塩素によってトリハロメタンが副生する

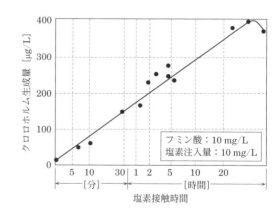

フミン酸：10 mg/L
塩素注入量：10 mg/L

クロロホルム生成量 [μg/L]

〔分〕　　〔時間〕

塩素接触時間

用語解説 **フミン質**：腐敗落ち葉，土壌などが微生物により分解されるときの難分解性物質．
多環芳香族化合物（分子量数千〜1万）からなる難分解性高分子化合物．

17 鉄とマンガンの除去−処理方法が異なる

塩素酸化と砂ろ過の組み合わせが有効

鉄とマンガンは塩素酸化してから砂ろ過法で除去.

☀ マンガンの酸化には塩素が有効

河川水は一般に酸素補給が十分なので酸化状態です. この河川水中に**鉄イオン** $(\mathbf{Fe^{2+}})$ があっても, Fe^{2+} は**水酸化第二鉄** $[\mathbf{Fe(OH)_3}]$ として析出します. したがって, 酸素が十分に溶解している河川水では鉄が溶存していることはほとんどありません.

地下水中の鉄イオンは $Fe(HCO_3)_2$ などの形で溶解しています. この場合, 地下水は汲み上げた直後は Fe^{2+} の形で無色ですが, 時間がたつにつれて**右図①**のように徐々に酸化されて中性で Fe^{3+} となり, $Fe(OH)_3$ に変わって外観上赤茶色に濁ってきます. これに対して, マンガンは酸化還元電位が鉄より高く, 中性では酸素による酸化析出はほとんど起こりません. 河川水中に**マンガンイオン $(\mathbf{Mn^{2+}})$** があればそのままの状態で溶存しています. 地下水や貯水池の底水層は停滞すると無酸素状態で嫌気性となるので, マンガンは当然のことながら Mn^{2+} のままで, 鉄も還元状態の Fe^{2+} として溶解しています.

右図②は塩素, 空気, オゾンによる鉄とマンガンの酸化による除去率の目安です. 空気でマンガンを酸化しようとしても全く効果はありません. 塩素やオゾンならばかなりの効果が期待できます. そこで, 実際の除鉄・除マンガンでは塩素を加えた水を水和二酸化マンガン $(MnO_2 \cdot H_2O)$ 担持の「**マンガン砂**」の層に通します.

これで, 鉄とマンガンの同時除去ができます.

右図③は除鉄・除マンガン装置のフローシートと装置写真です.

ここでは No.1 ろ過塔に $1.4 \sim 2.3$ mm の粗いろ材, No.2 ろ過塔には $0.6 \sim 1.2$ mm の細かいろ材を充填しています. これを直列に連結すると, No.1 ろ過塔で大きな析出物, No.2 ろ過塔でその他の小さな懸濁物を分離できます.

○ 鉄イオンは空気酸化でも除去できる.
○ 鉄とマンガンの同時酸化には塩素が適している.
○ 塩素酸化＋マンガン砂ろ過で除鉄・除マンガンができる.

① pHと水酸化鉄の溶解度

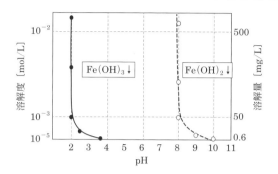

飲料水に鉄分があると金属味を与え，洗濯や食品製造での障害物質となります．マンガンがあると黒い水になります．どちらも除去する必要があります．

② 塩素, 空気, オゾンによる鉄・マンガンの酸化率

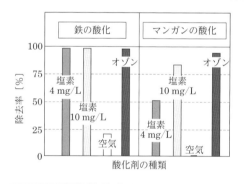

- マンガンは空気では全く酸化できません．
- 除鉄・除マンガンでは塩素を加えた水を二酸化マンガン（$MnO_2 \cdot H_2O$）担持の「マンガン砂」の層に通せば両方除去できます．

③ 2塔式除鉄・除マンガンろ過器フローシートと装置写真

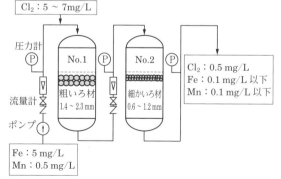

除鉄・除マンガンろ過器

用語解説 **マンガン**：岩石，土壌，淡水や海水など地球上に広く分布する元素．穀類，種実類などの植物性の食品に多く含まれている．

18 塩素によるアンモニアの除去

殺菌で使う塩素剤の「塩素酸」濃度は 0.4 mg/L 以下である.

◑ アンモニアの分解には計算値の 10 倍以上の塩素注入が必要

　水道水源に含まれるアンモニア態窒素を除去するには，次亜塩素酸ナトリウムで処理する方法が古くから行われてきました．通常，アンモニア態窒素濃度 1 mg/L に対して，計算上，次亜塩素酸ナトリウムは塩素としてアンモニアの 7.6 倍の注入量が必要です．そのため，アンモニア態窒素の濃度を正しく把握せず次亜塩素酸ナトリウムを注入すると処理水出口の残留塩素が飲料水の水質目標値（0.1～0.4 mg/L）を外れることがあります．水源の種類によってはアンモニア態窒素以外にも塩素を消費する鉄，マンガン，有機物などが混在することがあるのでこれらを分解するため理論値以上（10～20 倍）の塩素を加えます．地下水の浄化では除鉄・除マンガン，アンモニア態窒素除去を兼ねた**右図①**に示すろ過装置を使いますが，薬注ポイントはろ過器の前が効果的です．

　右表②に示す水質の場合は原水のアンモニア態窒素が 8.45 mg/L なので塩素は 10 倍の 85 mg/L 注入していますが，加えた次亜塩素酸ナトリウム中の塩素酸濃度が高いので処理水中に塩素酸が副生し 50.5 mg/L になっています．平成 20 年 4 月より水質基準項目に塩素酸が追加され，基準が「0.6 mg/L 以下であること」に規制されました．また，浄水処理の殺菌などで使用する次亜塩素酸ナトリウム溶液に含まれる塩素酸の基準は 0.4 mg/L 以下となりました．残留塩素測定は**右写真②**に示す残留塩素計がよく使われます．濃度はアンモニア態窒素を次亜塩素酸ナトリウムで酸化する場合，窒素成分が次亜塩素酸と反応して結合塩素となり**右図③**［式 (1)］，極大値（A 点）に達した直後に残留塩素濃度が急に低下し，再度上昇する不連続点（**右図③の p 点**）があります．この不連続点を過ぎて**図③の B 領域**における遊離残留塩素の確実な検出と濃度調整が必要です．このとき，結合残留塩素を示す A ポイントだけで次亜塩素酸ナトリウムの注入量を設定すると末端における残留塩素（**B 領域**）の検出ができなくなるので不完全な塩素処理となります．

● アンモニア態窒素：窒素成分のうちアンモニウム塩であるものをいう.
● 塩素酸：次亜塩素酸ナトリウムを高温で保管すると有害な塩素酸（$HClO_3$）に変わる.
● **右写真②**の残留塩素計は薬注ポンプと連動しているので濃度調整が確実にできる.

① 除鉄・除マンガンろ過装置のフローシート（左）と写真（右）

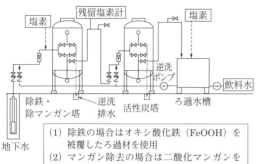

右：除鉄・除マンガンろ過塔
左：活性炭塔

(1) 除鉄の場合はオキシ酸化鉄（FeOOH）を被覆したろ過材を使用
(2) マンガン除去の場合は二酸化マンガンを被覆したろ過材を使用
(3) アンモニアの酸化は 3 倍モルの塩素を使うので 7.6 倍の塩素を添加（$3Cl/NH_3\text{-}N = 106.5/14 = 7.6$ 倍）

② 井戸水の処理前後の水質例と残留塩素計

検査項目	井戸原水	処理水
pH	8.45	7.01
アンモニア態窒素〔mg/L〕	8.45	1 以下
COD〔mg/L〕	2.7	0.3
色度〔度〕	1.78	1 度以下
塩素酸〔mg/L〕	6.5	50.5

残留塩素計

③ 次亜塩素酸ナトリウムによるブレークポイント処理

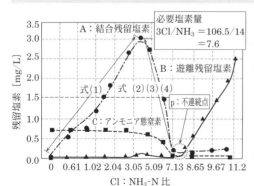

p：不連続点
A 結合残留塩素も B 遊離残留塩素も共に消失してついにはある注入量でゼロ近くになり殺菌や消毒の効果を失う.
このときの注入量を不連続点（p）という.

$NH_3 + HClO \rightarrow NH_2Cl + H_2O$ ············(1)
$NH_2Cl + HClO \rightarrow NHCl_2 + H_2O$ ·········(2)
$NHCl_2 + HClO \rightarrow NCl_3 + H_2O$ ···········(3)
$NH_2Cl + NHCl_2 \rightarrow N_2 + 3HCl$ ···········(4)

用語解説 **結合残留塩素**：遊離残留塩素はアンモニアと反応してクロラミン（モノクロラミン，ジクロラミン，トリクロラミン）となる. これを結合残留塩素とよぶ.

19 塩素殺菌と有害なトリハロメタン副生

塩素の過剰添加はトリハロメタン副生の原因

水道水の殺菌に使う塩素は持続的な効果があるなどのメリットもあり，細菌汚染防止の観点から止められない.

塩素は持続力のある消毒剤

水道水は細菌汚染を防止するため，水道法により塩素消毒が義務づけられています．塩素消毒は蛇口から出る水の遊離残留塩素が0.1 mg/L以上に保持することが定められています．塩素は消毒効果のほかに酸化作用もあり，水に溶けている鉄・マンガンなどの金属を酸化し，アンモニア態窒素や有機物を分解する作用があります．そこで，残留塩素量を確保するために水道水にやや過剰の塩素を加えます．しかし，この塩素が原水中の有機物と反応して**右図**①のようにトリハロメタンを副生してしまいます．水道水中の総トリハロメタン規制値は0.1 mg/L以下とされています．

水道水の臭いが気になったり，味がよくないと感じる方は**右図**②のように水道水を5分程度沸騰し続ける（やかんのふたを外す）と残留塩素を除き，トリハロメタンを減らすことができます．また，活性炭入りの浄水器でも残留塩素を低減できますが，除去能力はしだいに低下しますので，メーカーの使用法に従い，定期的にカートリッジを交換してください．

安全な水道水をつくるための塩素消毒で有害な物質が副生するとは，実に皮肉な話です．しかし，それでも水道水に塩素消毒が利用され続けるのは塩素には持続力があるからです．紫外線やオゾンによる殺菌もありますが持続力がないので絶え間なく供給しなければなりません．

塩素ならば水道水の中に残っている限り殺菌力を保ち続けます．しかも少量であればそれ自体が人体に毒になることはありません．こうした長所がトリハロメタンの危険性や味の問題に勝ると判断されているため，塩素消毒は続けられているのです．

- トリハロメタンは水温の上がる夏にできやすい.
- トリハロメタンには塩素や臭素などが含まれる.
- トリハロメタンの除去は水道水を5分以上沸騰させる.

① トリハロメタンの種類

メタン

水素 → H
炭素 → H−C−H
H

(1) メタンの水素原子3つがハロゲン元素(塩素「Cl」，臭素「Br」，ふっ素「F」，ヨウ素「I」)で置換されたものをトリハロメタンとよびます．
(2) 「トリ」とはラテン語で「3」を表し「ハロ」はハロゲン化合物であること，「メタン」はもとの物質を指しています．
(3) 臭素「Br」は産業排水などから排出される排水に含まれています．

水道水に含まれるトリハロメタンは水質基準値(0.1 mg/L)以下であり安全性に問題はありません．水質基準は生涯にわたり連続して摂取しても健康に影響が生じない水質を目安に設定されています．

塩素消毒によって下記のトリハロメタンが副生する

Cl
|
Cl−C−H
|
Cl

クロロホルム

Br
|
Cl−C−H
|
Cl

ブロモジクロロメタン

Br
|
Br−C−H
|
Cl

ジブロモクロロメタン

Br
|
Br−C−H
|
Br

ブロモホルム

② トリハロメタン(クロロホルム)の生成と煮沸除去例

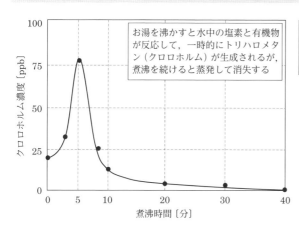

お湯を沸かすと水中の塩素と有機物が反応して，一時的にトリハロメタン(クロロホルム)が生成されるが，煮沸を続けると蒸発して消失する

やかんのふたをあけて10分以上沸騰させるとクロロホルムは消失します．

用語解説 **残留塩素**：次亜塩素酸と次亜塩素酸イオンは残留塩素とよばれる．
強い酸化力で有害細菌の細胞膜を破壊し，殺菌効果を発揮．

20 汚濁水の砂ろ過−加圧式ろ過法

加圧式ろ過は装置の小型化ができる

砂ろ過では，篩ろ過，吸着，沈殿などが複合して起こる.

☾ 砂ろ過は複層ろ過が効果的

用水・排水処理では粒度が一定の砂や無煙炭（アンスラサイト）などを圧力容器に充填して，0.1〜0.3 MPaの圧力をかけて汚濁水のろ過を行います.

右図①は砂ろ過材のすき間に懸濁物や粒子が捕捉される模式図です.

砂ろ過を実際に行うと砂（直径500 μm）のすき間（100 μm）より小さな粒子を流し込んでも砂の間に捕捉されることを経験します. これは「篩によるろ過効果」に加えて吸着，沈殿などが複合して作用した結果と考えられます.

右図②は圧力式砂ろ過器（単層ろ過と二層ろ過）における懸濁物捕捉の模式図です. 単層ろ過では懸濁物の捕捉に使われているのは砂の表面だけです. これに対して，二層ろ過では上部に粒径が大きいアンスラサイトを充填し，下部に粒径が小さく比重の重い砂を充填し「二層」を形成します. ここに懸濁物質を含む汚濁水を圧入すると二層全体で捕捉できます. こうすると同じ容積の砂単独の層よりも多くの懸濁物質を捕捉できて有利です. 加圧式ポンプで懸濁水をろ過すると「ろ層」が上部の5〜10 cm程度で閉塞してしまいますが，吸引式ろ過ポンプでろ過すると無理のないろ過ができます. **右図③**はろ材の逆洗速度，展開率（砂の層が膨れ上がって膨張する比率），水温の関係です. 一例として，水温30℃で粒径0.87 mmのアンスラサイトを30 m/hで逆洗したときの展開率は20％です. 一方，水温5℃で同じ粒径のアンスラサイトを30 m/hで逆洗したときの展開率は38％で約2倍に増加します.

この原因は水の粘性に由来しており，水温の高い夏と水温の低い冬では逆洗効率に2倍も差が出ることを示しています.

- 砂ろ過器の内部では篩ろ過，吸着，沈殿などが複合して起こる.
- 複層ろ過はろ過層全体で懸濁物を捕捉する.
- 加圧ろ過は砂層にポンプ圧をかけるが吸引ポンプでろ過すると無理のないろ過が可能.

① 砂ろ過材のすき間の模式図

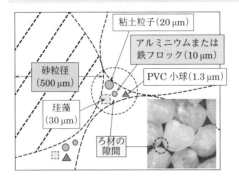

砂ろ過を実際に行うと，直径 500 μm（0.5 mm）の砂のすき間にもっと小さな粒子が捕捉されます．これは篩ろ過に加えて，吸着，沈殿などが複合して作用した結果と考えられます．

② 単層ろ過と二層ろ過の比較

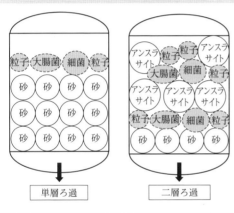

単層ろ過は砂の表面だけで濁りを捉えます．二層ろ過では2つの層の中で懸濁物を捉えるので，より多くの懸濁物を捕捉できます．

③ ろ材の逆洗速度，展開率，水温の関係

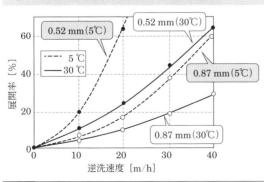

このグラフから，同じ逆洗速度では，水温の低い冬のほうが水温の高い夏よりも展開率（砂の層が膨れ上がる率）が高くなることがわかります．

用語解説 **アンスラサイト**：高品質の無煙炭．不純物が少ないのでろ過材として使える．
逆洗浄：ろ過方向の逆向きに水を流して砂や活性炭表面の懸濁物を洗う方法．

21 膜ろ過−分離精度が高い

膜ろ過法は汚濁物質の分離が確実

膜ろ過装置は，コンパクトで自動運転・遠距離管理が可能.

🌑 浄水の膜ろ過は MF 膜が効果的

現在の水道水は砂ろ過と塩素殺菌を組み合わせた方法で浄化されていますが，ろ過精度が不安定です．これらの事情に加え，最近の水源水質の悪化，クリプトスポリジウム(消化管寄生原虫)問題などもあって膜ろ過法による浄水法が注目されています．

ろ過膜には精密ろ過膜(MF膜)と限外ろ過膜(UF膜)がありますが，MF膜は透過水を多く回収できるので省エネルギーで大量の水のろ過ができます．

MF膜は，細いマカロニ形状をした中空糸膜で公称孔径0.1〜0.2 μmのものが多く使われています．最近は耐薬品製に優れた四ふっ化エチレン(PTFE)，ポリふっ化ビニリデン(PVDF)製の膜も実用化されています．膜モジュールは中空糸膜を円筒ケースに装填した構造で，1本のモジュール内に数千本の中空糸を充填してあります．

右図①は中空糸MF膜1本でろ過をしている模式図です．

ここでは原水を0.1〜0.3 MPa程度の圧力で膜の外側から内側，下から上に向けて流してろ過します．こうすると，原水中の懸濁物質，細菌類(大腸菌や一般細菌)，原虫類(クリプトスポリジウムなど)を確実に分離できます．

MF膜ろ過による浄水の特長は，これまでの急速ろ過方式と違って，PAC(ポリ塩化アルミニウム)などの化学薬品を使用しないで汚濁水が浄化できることです．これにより，おいしい水の確保ができます．

右図②はMF膜またはUF膜のろ過装置フローシート例です．

装置は自動で運転・停止を行い，膜モジュールの洗浄(透過水による逆洗浄，空気洗浄)も自動的に行います．装置がコンパクトなので敷地の狭い山間部や小規模の浄水場でも短期間で設置できます．

- ◎ 膜ろ過法は砂ろ過法に比べて分離精度が高い.
- ◎ 膜ろ過は水のうまみは残して懸濁物を分離する.
- ◎ 膜ろ過装置はコンパクトで自動運転が可能.

① MF膜によるろ過のしくみ

1 μm 以上の粒子[大腸菌(2 μm)，原虫類(5 μm)など]は分離可能

クリプトスポリジウム

原虫類（クリプトスポリジウムなど）
懸濁物
細菌
透過水
MF 膜
(0.1 ～ 0.2 μm)
濃縮水
原水
原水
外径 1.3 ～ 2.3 mm

(1) 哺乳動物の胃や小腸の粘膜細胞に寄生する原生動物．大きさ 4 ～ 6 μm で殻が厚く塩素に耐性がある．
(2) 汚染した生水，生野菜などの飲食物の経口摂取によってうつる．
(3) 人に感染すると下痢，腹痛，吐き気を起こす．
(4) 1994 年神奈川県平塚市の雑居ビルの感染例と 1996 年埼玉県越生町の町民が感染した事例がある．

クリプトスポリジウム
(4 ～ 6 μm)

② MF，UF膜による浄水フローシート例

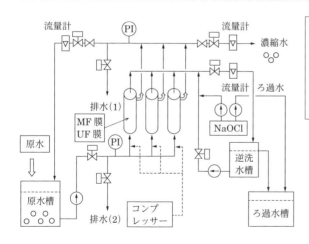

流量計
PI
流量計
濃縮水
排水(1)
MF 膜
UF 膜
PI
流量計
ろ過水
NaOCl
原水
逆洗水槽
原水槽
排水(2)
コンプレッサー
ろ過水槽

・ふっ素系素材でできた UF 膜や MF 膜は耐塩素性があるので塩素殺菌できます．
・機械的強度も強いので用水のろ過や排水のろ過にも使用されています．

 用語解説 **クリプトスポリジウム**：胞子をもった病原性の原虫．大きさは 4 ～ 6 μm で，ヒト，犬，牛などの小腸に寄生して増殖．ヒト体内で下痢症状を発生する．

22 活性炭吸着－異臭除去にも効果

用水，排水処理の分野で広く使われる

活性炭は大部分が炭素からなる多孔質の物質で，微細な穴に多くの物質を吸着させる性質がある．

☾ 分子量の増加に伴い，吸着量が増す

活性炭は炭素からなる多孔質の物質で多くの物質を**吸着**します．活性炭1gの表面積は$800 \sim 1,400 \, m^2$もあります．水処理では有機成分（色，臭気，COD，BOD成分など）を吸着し，遊離塩素（Cl_2）を分解するので用水，排水処理を問わず幅広く用いられています．活性炭の吸着には一般に以下の傾向があります．

Ⅰ　分子量が大きい物質ほど吸着されやすい．

Ⅱ　溶解度が低い物質ほど吸着されやすい．

Ⅲ　脂肪族より芳香族化合物が吸着されやすい．

Ⅳ　表面張力を減少させる物質ほど吸着されやすい．

Ⅴ　水のpHが低いと吸着量が増加する

Ⅵ　着量や吸着速度は水温にあまり影響されない．

右図①はアルコールの吸着量と分子量の関係例です．それによれば，メタノール→エタノール→イソプロピルアルコール（IPA）のように分子量が増えるに従い，活性炭に吸着する量が増加します．

右図②は塩素含有水を活性炭で処理し，残留塩素濃度を測定した結果例です．水中の遊離塩素（Cl_2）は活性炭に接触すると分解して塩化物イオン（Cl^-）に変わります．活性炭はCl_2除去だけを目的にした場合は**図②**のように大量の水を処理できます．実験によれば，水中の遊離塩素（Cl_2）が$10 \, mg/L$の場合でCl_2が$0.1 \, mg/L$リークするまでの水量は活性炭の約6,000倍です．

○ 活性炭1gの表面積はおよそ$1,000 \, m^2$もある．
○ 活性炭1gはおよそ0.1gの有機物（分子量約70）を吸着する．
○ 活性炭100mLは水道水$15 \, m^3$の塩素を除く．

① アルコールの分子量と活性炭吸着量の関係

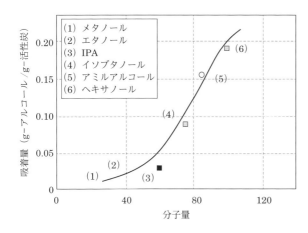

| (1) メタノール |
| (2) エタノール |
| (3) IPA |
| (4) イソブタノール |
| (5) アミルアルコール |
| (6) ヘキサノール |

活性炭1gは約0.1gの有機物（分子量約70）を吸着します．ジクロロエチレンは約0.2g/g-活性炭，テトラクロロエチレンは約0.4g/g-活性炭に吸着します．

② 活性炭の塩素分解曲線

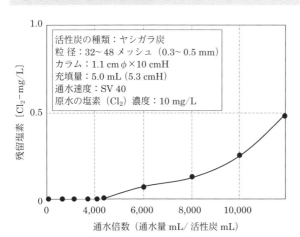

活性炭の種類：ヤシガラ炭
粒 径：32～48 メッシュ（0.3～0.5 mm）
カラム：1.1 cmφ×10 cmH
充填量：5.0 mL（5.3 cmH）
通水速度：SV 40
原水の塩素（Cl_2）濃度：10 mg/L

活性炭1 mL（約0.5 g）で塩素濃度10 mg/Lの水4,000 mLの塩素除去ができます．水道水の塩素濃度を0.4 mg/Lとすれば，15 m^{3}の塩素除去ができます．

用語解説 **活性炭**：原料は松，ヤシガラなどの植物系が多い．
主成分は炭素で，ほかにカルシウム，酸素，水素などを含む多孔質の物質．

23 オゾン酸化−二次汚染がない

有機物分解，殺菌など用途が広い

オゾンの分解生成物は酸素なので残留性がなく二次汚染の懸念がない．

オゾン酸化と活性炭吸着は高度処理に有効

オゾンの酸化力の強さは下記の順で，過酸化水素や塩素より強力です．

オゾン (O_3) →過酸化水素 (H_2O_2) →二酸化塩素 (ClO_2) →次亜塩素酸 $(HClO)$ →塩素 (Cl_2) →酸素 (O_2)

この特長を生かして水処理では I ～ VIの分野で広く実用化されています．

I 殺菌，消毒，II 脱色，III 脱臭，臭味除去，IV 有機物，還元性物質の酸化，V 有害物，有毒物の無害化，VI 難分解性物質の生物易分解性化．

右図①はオゾン酸化による上水中のTOC除去例です．TOC 2 mg/L以上の場合は活性炭処理で対応し，TOC 2 mg/L以下になった処理水にオゾンを10 mg/L以上作用させると，水中のTOCは0.1 mg/L以下を維持することができます．

右図②は下水二次処理水のCOD_{Cr}除去と消失オゾン濃度の関係例です．

オゾン酸化でオゾン (O_3) 中の1つの酸素 (O) が反応に関与するとすれば，消失オゾン量/除去COD量の比は重量比で1.0～3.0の範囲となります．

一例として，除去CODが20 mg/Lあったとすれば，この酸化に消費されるオゾン量は，多い場合で20〔mg/L〕× 3.0 = 60〔mg/L〕，少ないときで20〔mg/L〕× 1.0 = 20〔mg/L〕ということを示しており，COD除去とオゾン量算出の目安になります．

右図③は下水二次処理水の活性炭に対するCOD吸着量の関係例です．

COD 9 mg/Lの下水処理水は活性炭処理で5 mg/Lまで低下します．COD 2 mg/Lまでオゾン処理（20分）した水を活性炭処理するとCOD 1 mg/L以下に処理できることを示しています．このようにオゾンと活性炭の組み合わせ処理は用水処理，排水処理で活躍しています．

○ オゾンの分解性生物は酸素なので二次汚染がない．
○ オゾンは上水や汚濁処理水の酸化に適用すると効果的．
○ オゾンでCOD成分を分解するにはCOD量（O）の3倍必要．

① オゾン酸化による上水中のTOC除去例

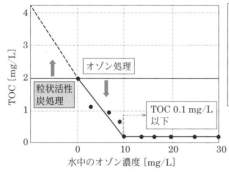

活性炭1gは約0.1gの有機物を吸着する.
活性炭の吸着量には限りがあるので,有機物
濃度の低い水を処理するのが経済的.
出典:Carl, Theresa Nebel: Pharmaceutical
manufacturing/April(1984)
(一部著者加筆)

② 消費オゾン量とCOD除去量の関係

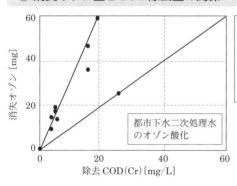

オゾン酸化でオゾン(O_3)中の1つの酸素(O)
が酸化に関与するのでCOD成分1に対して
オゾン3の準備が必要と見込まれる.
出典:宗宮功 下水道協会誌 Vol.10, No.109,
p.9(1973)

③ 活性炭とCOD吸着等温線

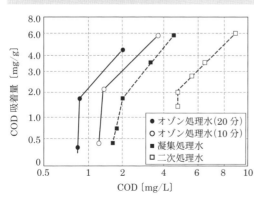

オゾン酸化であらかじめCOD物質を
酸化しておくと低分子化できるので活
性炭のCOD吸着量が増す.
出典:池畑昭「オゾン利用の新技術」
pp.97-98,三琇書房(1985)

用語解説 **オゾン**:酸素と酸素原子に分解する不安定な気体.酸化力が強い.
TOC(全有機炭素):有機物の全部を炭素量で示したもの.

24 オンサイト浄水システム–災害時にも威力発揮

その場で地下水から安全な飲料水をつくる

除鉄・除マンガンろ過＋UF膜ろ過＋RO膜脱塩の組み合わせにより，その場で地下水から安全な飲料水，生活用水をつくる．

水不足や災害時にも安全な飲料水を供給できる

現在の上水道は，河川水，湖沼水などに塩素，PAC（ポリ塩化アルミニウム）などの薬品を加えて凝集沈殿処理した後，砂ろ過を行い塩素殺菌した後，家庭や事業所向けにパイプラインで送配水しています．地表の水は自然災害や人為的汚染の影響を受けやすいので凝集沈殿＋砂ろ過による処理工程では対応しきれないことがあります．

近年，こうした上水道とは異なる独立した造水システムが小規模な集落，大型ショッピングモール，病院，ホテルなどに設置され活躍しています．

処理システムは**右図①**に示すように汚染の少ない地下水（深井戸，浅井戸）を水源とし，除鉄・除マンガン処理＋UF膜ろ過＋RO膜脱塩などの組み合わせによりオンサイト（現地）で生活用水をつくるというものです．

このシステムの長所は下記のとおりです．

Ⅰ　UF膜は微細な懸濁物や細菌を分離し，RO膜はミネラル成分の大半を除去しますが，UFろ過水と混合することにより「おいしい水」の調合ができる．

Ⅱ　RO透過水は飲料水として用い，濃縮水は工場や事業所の雑用水としても再利用できるので捨てる水がなく経済的．

Ⅲ　従来の上水道とは独立した造水システムなので配水のための水道管が不要で水道料金が安価となり，地震災害の影響を受けにくい．

右図②は処理システムのフローシート例です．

装置は，Ⅰ 除鉄・除マンガン処理，Ⅱ 活性炭処理，Ⅲ UF膜ろ過，Ⅳ RO膜処理で構成されています．今，こうした設備が日本各地の大型商業ビルや工場で活躍し，安全で上質な飲料水を提供しています．

- オンサイト浄水システムは24時間監視の管理体制がとれる．
- RO膜装置では塩水化した地下水でも真水に変えることができる．
- オンサイト浄水システムは災害緊急時の補助給水としても活用できる．

① 水の循環と地下水源の種類

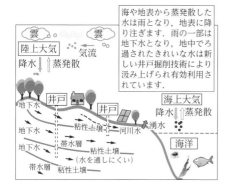

海や地表から蒸発散した水は雨となり，地表に降り注ぎます．雨の一部は地下水となり，地中でろ過されたきれいな水は新しい井戸掘削技術により汲み上げられ有効利用されています．

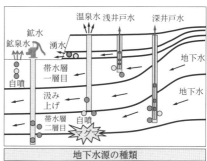

地下水源の種類

② 処理システムのフローシートと実装置写真

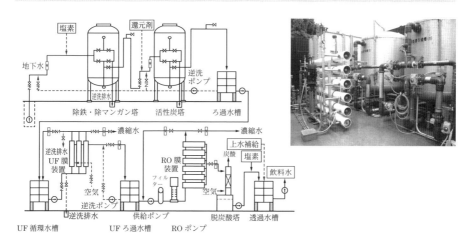

用語解説 **オンサイト浄水方式**：浄水設備を建設したその場で水道水をつくる．大規模なパイプラインが不用なので浄水場のない町や工場の現場で水道水ができる．

25 UF膜による血液浄化と生命維持

UF膜は腎臓に代わって血液を浄化する

腎臓内の「ネフロン」は人工腎臓よりはるかに優れた血液浄化装置.
水処理のUF膜装置は腎臓のごく一部の機能を利用しているだけ.

☀ 腎臓の血液ろ過機構はどうなっているか

腎臓は血液を「ろ過」して尿をつくり，体外に排出するとともに体内環境を調節するなどの役目を担っています．腎臓の構造略図を**右図①**に示します．人体をめぐる血液は腎臓でろ過され，ここでろ過された老廃物などが尿となって膀胱に送られ尿管を経て体外に排出されます．腎臓は血液のろ過を行う「糸球体」とそれを包み込む「ボーマン嚢」と「尿細管」からなる「ネフロン」とよばれる組織で構成されています．「糸球体」でろ過された血液中の老廃物などはボーマン嚢で受け止められ，尿細管へと流れていきます．また，尿細管では水分や身体に必要な成分を再吸収します．腎臓の基本的な機能単位であるネフロンは腎臓1つあたりに約100万個，左右で200万個程度あるといわれています．

右図②はUF膜による血液ろ過の概要です．血液と透析液が透析膜（UF膜）を隔てて接触すると透析膜には小さな孔があいているので分子量の小さな物質は濃度の濃いほうから薄いほうへ移動し，濃度が等しくなるようになります．この現象を**拡散**といいます．人工透析はこの性質を利用したもので透析液側に水分，電解質，老廃物などが移動して血液浄化されます．腎臓の代わりにUF膜を使って血液を浄化する人工透析装置をダイアライザー（Dialyzer）といいます．腎臓機能が低下している場合には，腎臓が本来もっている血液中の尿素，クレアチン，リン酸，低分子タンパク物質（β_2ミクログロブリン）などの老廃物分離や過剰水分の除去能を補うためにダイアライザーを用います．人間がつくったダイアライザー膜の機能は健康な人の腎臓機能にはとても及びませんが多くの腎臓障害をもつ患者さんの治療に貢献しています．

◦ 人工腎臓は毎分1Lの血液を浄化します．
◦ 通常，透析液は1人に1回120〜150Lを必要とします．
◦ 透析液は正常な血液に近い濃度の電解質を含んでいます．

① 血液をろ過する腎臓内ネフロンの概念図

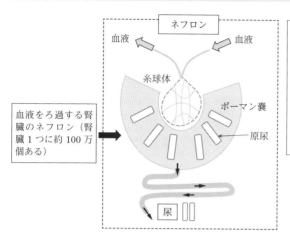

血液をろ過する腎臓のネフロン（腎臓1つに約100万個ある）

左図の「ネフロン」はボーマン嚢という袋の中にあります．顕微鏡で見ると，丁度毛糸を丸めた毛玉のように見えるので**糸球体**という名前が付けられました．糸球体では毛細血管からボーマン嚢に水分がにじみ出し，この水分が尿となります．

② UF膜による血液ろ過の概略

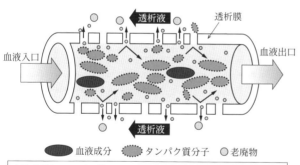

血液成分やタンパク質分子は膜を通過しませんが老廃物は透析液（電解質）の濃度差によって膜の外側に排除されます．

血液と透析液が透析膜（UF膜）を隔てて接触すると透析膜には小さな孔があいているので分子量の小さな物質は濃度の濃いほうから薄いほうへ移動し，「拡散現象」により濃度が等しくなるまで物質移動が持続します．**人工透析**はこの性質を利用したもので透析液側に水分，電解質，老廃物などが移動して血液を浄化します．

用語解説 拡散：水中の濃い成分が薄いほうへ移動し，均一な濃度になる性質．
赤血球：形状は直径7〜8 μm，厚さ2 μmほどで両面中央が凹んだ円盤状．

26 RO 膜による海水淡水化 - 省エネの造水方法

RO 膜法は膜ろ過するだけの海水淡水化方法

地球上の水は約 13.86 億 km³ もありますが 97.5%が海水で 2.5%が淡水.
私たちが使える淡水は 0.01%(約 0.001 億 km³)しかない.

☀ RO 膜法は前処理の除濁と濃縮水の管理が重要

海水の脱塩にはⅠ **RO膜法** とⅡ **多段フラッシュ法** が実用化されています. RO膜法は海水淡水化用の膜に海水の浸透圧(2.5MPa)以上の圧力(5.5 MPa)をかけて海水を圧送し,塩分を分離して真水を得る方法です. RO膜法はフラッシュ法と違い相の変換を伴わないのでエネルギー消費が少ないという長所があります. しかし,膜面が懸濁物質などで汚染されると閉塞しやすくなるいという短所があります. したがって,前処理として入念な清澄化が必要で,少なくとも **FI値** 5.0以下にする必要があります.

右図① はRO膜装置と膜エレメント写真です. 膜の内部は緻密な構造をしているので除濁のための前処理が重要です. **右図②** は海水淡水化RO膜装置の基本フローシート例です. 最近,RO膜を収納するベッセルは原水の横入り/横出し方式が多く使われています. この方式ならば膜交換作業が容易になります. 供給水は **右写真②** のようにⅠ原水入口から整流版を経て入りRO膜の反対側の濃縮水出口(横)へと排出されます. Ⅱ膜透過水は透過水出口配管に集まります.

右表③ は海水の主な成分表です. **右図③** はRO膜処理におけるカルシウムスケール析出とpHの関係です. 海水中のカルシウム濃度は約400 mg/Lです. 図より,pH 6におけるカルシウムスケール(CaCO₃)生成濃度は約660 mg/Lで,この数値以上に濃縮すると膜面にカルシウムスケールが析出する可能性が高くなります. これらのことから海水淡水化装置では **回収率** 40%以下を保ちpH調整を適切に管理します.

海水中にはほう素が4.5 mg/L含まれています. この場合,一度RO膜処理した水をもう一度低圧RO膜で脱塩して飲料水にする2段処理方式が実用化されています.

- ○ RO膜による海水淡水化の圧力は5.5 MPa (55 kg/cm²)以上必要.
- ○ RO膜装置では前処理でFI値5以下とする.
- ○ 海水淡水化RO膜装置は回収率40%以下が膜面の塩分析出を防ぐ.

① RO膜装置と膜エレメント

SU Series

RO膜エレメント

② RO膜装置の基本フローシートと横入り横出口のベッセル内部

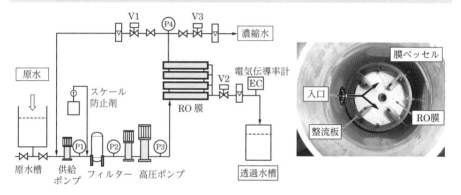

③ 海水の成分とRO膜処理におけるpHとカルシウム硬度の関係

海水の主な成分（pH 8.1～8.2）	濃度〔mg/L〕
塩化物イオン（Cl^-）	19,354
ナトリウムイオン（Na^+）	10,770
硫酸イオン（SO_4^{2-}）	2,712
マグネシウムイオン（Mg^{2-}）	1,290
カルシウムイオン（Ca^{2+}）	412
カリウムイオン（K^+）	399
臭素イオン（Br^-）	67.3
ストロンチウムイオン（Sr^{2+}）	7.90
ほう素イオン（$B(OH)_3$）	4.50
ふっ素イオン（F^-）	1.30
ヨウ素イオン（I^-）	0.06

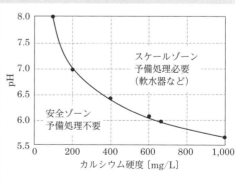

用語解説 FI値：膜ろ過の原水がどの程度の膜面汚れを発生させるかを数値化した指標.
回収率：海水を透過水と濃縮水に分けたときの透過水の回収比率.

コラム❸ 〜 紙づくりには水が必要 〜

　紙はセルロースの集合体で，セルロースがもつ水酸基（OH基）による「水素結合」が自己接着性を発揮して紙の強度を保っています．紙の繊維が寄り集まるきっかけをつくるのは水で，水がなければ紙はできません．

　紙のつくり方の手順は，①原料木材（こうぞ，みつまたなど）の樹皮をむいて水に浸す．②樹皮に水酸化ナトリウム（NaOH）を加えて煮沸すると茶褐色のリグニンが溶け出してセルロース分が残る．③繊維をよく洗って細かく叩きつぶすと柔らかくなり，それを水に分散させると繊維と繊維が接近します．④分散した繊維をスノコですくい上げると薄い層になるので，これを脱水，乾燥すれば紙ができます．

　ここで，無数のセルロースが寄り集まって「紙」となるのは接着剤の力ではなく「**水素結合**」の作用によるものです．

　紙は乾燥している限りは丈夫ですが，水に濡れるとすぐに破れてしまいます．これは，水が「水素結合」で密着している繊維どうしの仲を引き裂くからです．

　水素結合をつくるのも水ですが，それをこわすのもまた水というわけです．紙にとって水は良薬にもなり，毒にもなります．

　このように，水と紙の縁は切っても切れません．

　紙に関する記録は，西暦105年，中国・後漢和帝の元興元年に宮中用度係長官の蔡倫という人が紙を和帝に献上したという内容の記述があります．

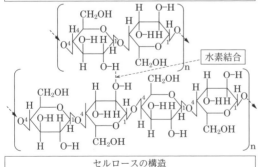

セルロースの構造

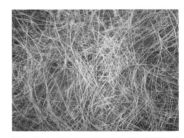

セルロース繊維（×50,000）

4章

工業用水をつくる

　製造工場，発電所，石油製油所などで使われる供給水を工業用水といい，原料用，洗浄，冷却などの目的で幅広く使われています．

　工業用水の水質基準は飲料水ほど厳密ではありませんが，求められる水質は業種によって異なります．製造業では冷却用水が多く使われていますが，最近は一過性ではなく循環使用が進んでいます．

　高圧ボイラには純水，半導体などの用水には超純水レベルの用水が使われます．これらの用水処理にはイオン交換樹脂，RO膜，電気透析膜などが使われています．

　ここでは，工業用水で必要とされる水質や処理技術，また純水，超純水，ボイラ水などをつくる具体的な事例について解説します．

27 沈殿分離−懸濁物を沈める

沈殿槽の分離効率は水面積の大小で左右される

沈殿分離法は汚濁水を沈殿槽に貯めるだけで，きれいな水と沈殿物に分離する
方法である．

安価で簡単な固液分離法

沈殿分離効果に影響を与える要素に Ⅰ粒子の沈降速度，Ⅱ水面積負荷の2つが
あります．**右図①**に沈殿分離の原理を示します．

Ⅰ **粒子の沈降速度**：右図①左に示す粒子の沈降速度(V_p)が大きく，排水の上
向流速度(V_w)が小さいほど固液分離効果が高くなります．

Ⅱ **水面積負荷**：右図①左の沈殿分離槽で粒子の沈降のしやすさは沈殿分離槽の
水表面積$(A〔\mathrm{m}^2〕)$の大小に関係します．この面積を**有効分離面積**といい，大
きいほど分離効果があります．沈殿分離槽で汚濁水は粒子を分離しながら上
澄水となり，槽の全表面積から処理水が均一にあふれ出ようとします．

そのときの水面における**上向流速度**は$Q/A = V_w〔\mathrm{m/h}〕$となります．この場合，
水の上向流速よりも沈降する粒子の沈降速度$V_p〔\mathrm{m/h}〕$が大きいことが条件です．

沈殿分離槽には越流する水の流量を均一化する目的で**右図①**に示す**越流せき**を設
けますが越流せき負荷は$2.0 \, \mathrm{m}^3/\mathrm{m} \cdot \mathrm{h}$以下を目安とします．

右図②は同じ深さで，直径5.0 mと7.1 mの上向流式沈殿槽の水面積を比べたも
のです．流量$20 \, \mathrm{m}^3/\mathrm{h}$の排水がⅠ 直径5.0mの沈殿槽とⅡ 直径7.1 mの沈殿槽に流
入した場合の上向流速はⅠ 1.0 m/hとⅡ 0.5m/hとなります．粒子の沈降速度を1.0 m/
hとすれば，Ⅰでは上向流速度と同じなので粒子は沈降しません．これに対して，
Ⅱは上向流速度が半分の0.5 m/hなので分離できます．このように，沈殿槽の分離
効率は粒子の沈降速度と水面積で決まります．沈殿槽の大きさを決めるにあたって
槽の深さは計算上関係ありませんが，経験的に2〜5 mとしています．

- 沈殿槽は汚濁水を貯めるだけで簡単に固液分離できる．
- 沈殿槽の分離効率に水深は計算上，関係ない．
- 分離効率は粒子の沈降速度と水面積で決まる．

① 沈殿分離槽と越流せき

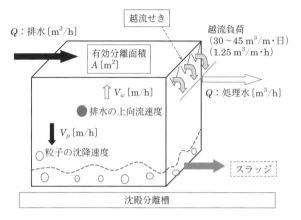

Q：排水〔m³/h〕

越流せき

越流負荷
(30〜45 m³/m・日)
(1.25 m³/m・h)

有効分離面積
A〔m²〕

$\Uparrow V_w$〔m/h〕

● 排水の上向流速度

$\Downarrow V_p$〔m/h〕

○ 粒子の沈降速度

Q：処理水〔m³/h〕

スラッジ

沈殿分離槽

越流せき
越流せき負荷は 2.0 m³/m・h 以下
を目安とします.

② 沈殿槽の水面積比較

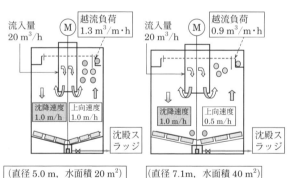

流入量
20 m³/h

越流負荷
1.3 m³/m・h

沈降速度
1.0 m/h

上向速度
1.0 m/h

沈殿ス
ラッジ

(直径 5.0 m, 水面積 20 m²)
上向流速度 (1.0 m/h)

流入量
20 m³/h

越流負荷
0.9 m³/m・h

沈降速度
1.0 m/h

上向速度
0.5 m/h

沈殿ス
ラッジ

(直径 7.1m, 水面積 40 m²)
上向流速度 (0.5 m/h)

小型円形沈殿槽
(内径 2.5 m, 高さ 3.2 m)

沈殿槽の深さ：経験的な数値で決まります. 実際には2〜5 m程度です.
沈殿槽底部：スラッジがかき寄せできるように10〜20度の角度を付けます.
スラッジの引き抜き：沈殿槽底部のスラッジ引き抜き管から抜き出します.

用語解説 **固液分離**：水に不溶の固体を沈めたり，浮かせたり，ろ過して分離する.
上向流速度：排水の流れを上向きにして固液分離すること. 遅いほどよい.

28 浮上分離−水より軽いものを浮かせて分離

水より軽い油を分離する方法

浮上分離も沈殿分離も，水との比重の違いを利用した分離方法で原理は同じである.

◐ 水中の油分は自然に浮上する

右図①に油分の濃度と処理方法を示します.

トラップは排水中の油分を貯留して浮かせるだけの簡単な構造で，1,000 mg/L以上の油分を分離します. APIはアメリカAPIの設計基準に基づいた油水分離装置という意味です. 構造は浮上油を回収するかき寄せ機が付いているだけで横流れ式沈殿槽と大差ありません. APIは油滴径150 μm以上，油分30 mg/L程度までの分離ができます.

CPIとPPIは米シェル社の開発した傾斜板方式の油水分離装置です.

CPIは分離槽内に波型の傾斜板が20〜40 mm間隔，PPIは平板の傾斜板が100 mm間隔で，いずれも傾斜角度45度で取り付けられています. 傾斜板を設けることにより，油滴径60 μm，油分10 mg/Lまでの分離が可能となります. 油分を10 mg/L以下とするには，重力分離だけでは無理で，加圧浮上，活性汚泥法，活性炭吸着法などの併用が必要です.

右図②は簡単な油水分離装置例です. 水と混ざらない油分（油滴径60 μm以上，濃度10 mg/L以上）は静置するだけで浮上するので，安価で便利な油水分離装置（グリストラップ）として古くから使われています.

右図③は空気を使った浮上油回収装置例です. 活性汚泥法で使うエアリフトポンプの原理を応用したスカムスキーマーで，じゃま板の左側に集めた浮上油を図のように回収します. 空気を注入するだけで浮上油分やスカムを吸い込んで外部に排出します. 構造が簡単で故障がないので便利な装置です.

◉ 浮上分離槽に傾斜板を付けるだけで分離効率アップ.
◉ 油分を10 mg/L以下にするには浮上分離では無理.
◉ 空気式スカムスキーマーは故障がなくて便利な装置.

① 油分の濃度と処理方法

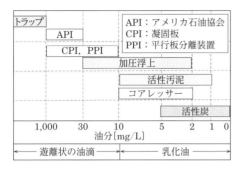

自然に浮かび上がる油は API，CPI，PPI などで分離します．乳化油はコアレッサー，活性炭などで除去します．加圧浮上はどちらの油分でも分離できます．

② 簡単な油水分離装置

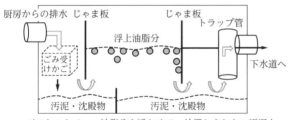

排水中の油脂類は自然に浮上して一時的に貯めておけますが時間が経過すると腐敗します．業務用厨房などには左図のグリストラップの設置が義務づけられています．
（建設省告示第1597号）

油水分離装置：粒径の大きな油分は自然に浮上する

③ 空気式浮上油回収装置

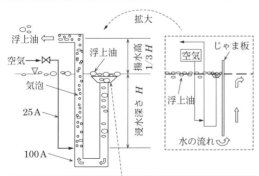

水面に浮いた油分をスカムスキーマーで集めて，エアリフトポンプに吸い込んでから水面より高い位置へ分離できます．

スカムスキーマー：100A の配管途中に空気を吹き込むと気泡の上昇につれて水や浮上油が引き込まれて外部に排出される

用語解説
トラップ：水の流路をせき止めて油分や懸濁物質を分離する装置．
スカムスキーマー：浮いた油分やスラッジをかき集める装置．

29 加圧浮上−粒子に気泡を付けて浮かせる

粒子に空気の泡を付着させ，見かけの比重を軽くする

加圧浮上法は，沈殿分離法に比べると水質がやや低下するのが欠点.

⚙ 加圧浮上は懸濁物を浮かせて分離

加圧浮上分離は除去しようとする粒子に微細な空気の泡を付着させ見かけの比重を軽くして分離する方法です.

右図①は加圧浮上装置のフローシートで，処理手順は次のとおりです.

Ⅰ 凝集槽の処理水は加圧浮上槽の下部入り口で加圧水（原水の0.5〜3倍量）と接触します. Ⅱ 凝集フロックには気泡が付着し見かけの比重が小さくなるので，加圧浮上槽を上昇します. Ⅲ 浮上した凝集フロックは汚泥かき取り装置で槽外に排出します. Ⅳ フロックと分離した水は槽の中間部分にある集水管に集まり，大部分は槽の外に処理水として排出します. Ⅴ 処理水の一部は加圧ポンプで空気溶解槽に送り0.3〜0.5 MPaの加圧下で空気を溶解します. Ⅵ 加圧水は加圧浮上槽底部に送って凝集処理水と接触させフロックや汚濁物を浮上させます. Ⅶ 沈降したスラッジは槽底部の引き抜き管から排出します.

右図②は加圧水倍量，固形物負荷量〔kg/m²・h〕，固形物除去率〔%〕の関係例です. 図によれば，加圧水倍数に関係なく固形物負荷量を12 kg/m²・h以上にすると除去率が急に低下することがわかります.

加圧浮上処理における水面積負荷は一般に下水汚泥0.7〜3.0 m³/m²・h，含油排水4〜7 m³/m²・h，紙パルプ排水3〜8 m³/m²・hが設計値として採用されています.

この数値は沈殿分離に比べて3〜8倍も高く，加圧浮上装置がそれだけ小さくて済むことを意味しています. しかし，凝集フロックは加圧水と混合する際の衝撃で崩れるので沈殿分離に比べて水質が低下するという欠点があります.

○ 加圧浮上処理をしても沈降するスラッジもある.
○ 加圧浮上処理は排水と加圧水を衝突させるので油分を10 mg/L以下に処理するのは困難.
○ 加圧空気は配管途中よりも浮上槽下部で凝集処理水と接触させてもよい.

① 加圧浮上装置フローシート例

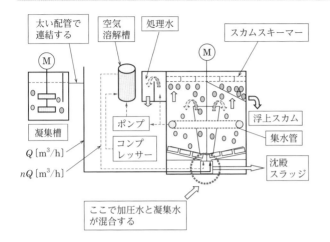

加圧浮上は凝集処理水に加圧水を合流させるので凝集フロックが少し壊れます．そのため，沈殿分離と比べて水質がやや低下するのが欠点です．

② 固形物負荷量と処理水水質

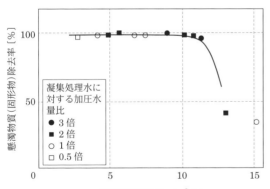

凝集処理水に対する加圧水注入比率は0.1〜0.5倍程度でもうまく処理できます．

固形物負荷量〔kg/m²·h〕
（1時間で表面積 1m² あたりに流し込む懸濁物質の kg 数）

用語解説 **見かけの比重**：比重の小さい粒子に空気の泡を付着させると「見かけ上」比重が更に小さくなり，浮上速度が速まる．

30 イオン交換樹脂による脱塩

イオン交換樹脂は水中のイオンを吸着する樹脂球

土壌は元来，イオン交換機能をもつことが昔から知られていた．
ドイツの科学者はこれにヒントを得てイオン交換樹脂を発明した．

☀ イオン交換はお金の両替と同じ

　天然の水にはカルシウム（Ca^{2+}），ナトリウム（Na^+）などの陽イオンと塩化物イオン（Cl^-），硫酸イオン（SO_4^{2-}）などの陰イオン以外に，コロイド状シリカ（SiO_2）やイオン状シリカ（$HSiO_3^-$）などが混在しています．これらは電気的に中和された状態で存在しており**右表①**のように表すことができます．

　脱塩処理：希薄な塩分（NaCl）を含んだ水を陽イオン交換樹脂と陰イオン交換樹脂を充填した容器にゆっくり流す（SV10〜20）と**右表②**の上段に示す式(1)(2)のようにナトリウムイオンは陽イオン交換樹脂に吸着し，塩化物イオンは陰イオン交換樹脂に吸着するので塩分が除去され脱塩水（H_2O）となります．

　再生処理：イオン交換樹脂の吸着量には一定の限度がありますから，やがて樹脂は飽和に達します．そこで，今度は陽イオン交換樹脂には塩酸，陰イオン交換樹脂には水酸化ナトリウム溶液をゆっくり流す（SV2〜5）と**右表②**の下段に示す式(3)(4)のように脱塩とは逆方向に反応が進むので樹脂の交換基が元の形に戻ります．再生した樹脂は繰り返し使えます．

　イオン交換樹脂は通常，円形の筒（カラム）に充填します．ここに原水をゆっくり流すとイオンは**右図③**に示すようなイオン交換帯（A〜B）を形成しながら流下します．実際の装置では，イオン交換帯の先端（C）がカラム出口に達すると原水中のイオンが漏出し始めるので，その時点でイオン交換処理を終了とします．

　図③左のC点が図右の貫流点（P）に相当し，これを貫流交換容量とよび，総交換容量と区別しています．

- イオン交換処理は脱塩よりも再生のほうが難しい．
- シリカ成分は陰イオン交換樹脂に吸着する．
- SV (Space Velocity)：通水量〔L〕/樹脂量〔L〕・時間．単位樹脂量の層を通過する水の量．

① 水中の溶解イオン

Ca²⁺ Mg²⁺	HCO₃⁻
Na⁺	Cl⁻ SO₄²⁻
SiO₂ (HSiO₃⁻)	

Ca^{2+} Mg^{2+}	HCO_3^-
Na^+	Cl^- SO_4^{2-}
$SiO_2\ (HSiO_3^-)$	

プラスかマイナスか見分けにくい

イオン交換樹脂の外観

② イオン交換樹脂による脱塩と再生の原理

脱塩の原理
塩化ナトリウム（NaCl）溶液を H 型陽イオン交換樹脂（R–SO₃H）塔に通すと式(1)のように Na^+ と H^+ イオンが交換し酸性(HCl)の水に変わる.
この酸性水を OH 型陰イオン交換樹脂(R–N・OH)塔に通水すると式(2)のように Cl^- と OH^- イオンが交換し純水 (H_2O)が得られる.

$$R–SO_3H + NaCl \rightarrow R–SO_3Na + HCl \cdots\cdots\cdots (1)$$
$$R–N・OH + HCl \rightarrow R–N・Cl + H_2O \cdots\cdots\cdots (2)$$

イオン交換樹脂は再生が可能なので繰り返し使えます.
樹脂再利用のポイントは再生工程にあります.

再生の原理
陽イオン交換樹脂には(H^+)イオンを，陰イオン交換樹脂には(OH^-)イオンを補給してやれば式(1)(2)の反応は逆方向へ進むのでイオン交換樹脂は元の型に回復する.

$$R–SO_3Na + HCl \rightarrow R–SO_3H + NaCl \cdots\cdots\cdots (3)$$
$$R–N・Cl + NaOH \rightarrow R–N・OH + NaCl \cdots\cdots\cdots (4)$$

③ イオン交換帯と漏出曲線

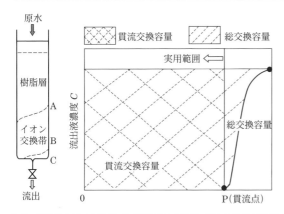

原水 / 樹脂層 / イオン交換帯 / 流出

貫流交換容量　　総交換容量

実用範囲

流出液濃度 C

総交換容量

貫流交換容量

0　　　　　　　　P(貫流点)

実際のイオン交換樹脂装置では総交換容量の60〜80％程度で使用します．100％再生は工業的に不可能なので実際には70〜90％再生で管理します.

用語解説　**イオン交換樹脂**：NaCl を含む水を処理すると，H 型陽イオン樹脂は Na^+ を，OH 型陰イオン樹脂は（Cl^-）を吸着し，代わりに H^+ と OH^- イオンを放出する.

31 イオン交換樹脂量の計算 (純水編)

水中のイオン濃度を $CaCO_3$ 濃度に変換する

本例題では $200 m^3$ の水中に含まれる陽イオンと陰イオンを除去して純水に
するためのイオン交換樹脂量の計算演習をする.

イオン濃度をまず $CaCO_3$ 濃度に換算する

イオン交換容量を個々の吸着イオン量で表すと, それぞれのイオンが異なる値を
示して煩雑になるので, これを $CaCO_3$ 濃度に換算すると計算が単純化されて便利
です.

陽イオン交換樹脂量の計算例

右表①は陽イオン交換樹脂量の算出例です.

排水の中にはいろいろな陽イオンがそれぞれの濃度で混在しています. これをま
ず $CaCO_3$ 濃度に換算します. $CaCO_3$ は分子量が100で当量はその1/2の50なので
計算上都合がよくなります. $CaCO_3$ に換算するには表①に示すようにカチオン濃
度〔mg/L〕に当量数を乗じます. ナトリウム (Na^+) の $CaCO_3$ 当量は50/23 = 2.2, カ
ルシウム (Ca^{2+}) は50/20 = 2.5, 銅 (Cu^{2+}) は50/31.8 = 1.6といった数値になります.

これらをまとめてカチオン (as $CaCO_3$) の合計量を計算すると154.8 mg/L (as
$CaCO_3$) となります. 次に下段の計算に従って樹脂量を算出します.

計算式：イオン量〔g/m^3〕×処理水量〔m^3〕×安全係数/貫流交換容量〔g/L〕

右表①下段の計算例のようにカチオン樹脂量は704 Lとなります.

陰イオン交換樹脂量の計算例

右表②は陰イオン交換樹脂量の計算手順です.

アニオン類の $CaCO_3$ 当量をまとめると156 mg/L (as $CaCO_3$) となります.
次に樹脂量を計算します.

計算式：イオン量〔g/m^3〕×処理水量〔m^3〕×安全係数/貫流交換容量〔g/L〕

右表②下段計算のようにアニオン樹脂量は930 Lとなります.

- **水質に対する安全係数**：カチオン, アニオン樹脂とも10%.
- **樹脂性能低下係数**：カチオン5%, アニオン30%.
- **装置の安全率**：カチオン, アニオンとも5%
- **無効樹脂**：カチオン5%, アニオン10%.

① 陽イオン交換樹脂量の計算

カチオンの合計を計算	陽イオン（カチオン）濃度を $CaCO_3$ 濃度に換算する Na^+ ＝30 mg/L　　Na^+ ：$30×2.2=66.0$ Ca^{2+} ＝20 mg/L　　Ca^{2+} ：$20×2.5=50.0$ Cu^{2+} ＝10 mg/L　　Cu^{2+} ：$10×1.6=16.0$ Ni^{2+} ＝9 mg/L　　Ni^{2+} ：$9×1.7=15.3$ Zn^{2+} ＝5 mg/L　　Zn^{2+} ：$5×1.5=7.5$ カチオン合計　　　　154.8 mg/L(as $CaCO_3$)
樹脂量と再生剤量の計算	陽イオン交換樹脂の貫流交換容量を決めてから計算する 陽イオン交換樹脂はダイヤイオン PK-216 とする 再生レベル：100 gHCl/L-R の貫流交換容量は 55 g as $CaCO_3$/L-R 樹脂量の算出式 イオン量[g/m^3]× 処理水量[m^3]×1.25(安全係数)/ 貫流容量[g/L] 樹脂量(PK-216)：$154.8×200 m^3$ (処理水量)×1.25/55=704L 薬品量：55 g(L-R)×704(L-R)＝38.7 kg-100% HCl(110 kg-35％HCl)

備考：原水のイオン濃度が 1/10 になれば計算上 10 倍の原水を処理できる
　　　ことになります.

② 陰イオン交換樹脂量の計算

アニオンの合計を計算	陰イオン（アニオン）濃度を $CaCO_3$ 濃度に換算する Cl^- ＝50 mg/L　　Cl^- ：$50×1.4=70$ SO_4^{2-} ＝30 mg/L　　SO_4^{2-} ：$30×1.0=30$ HCO_3^- ＝30 mg/L　　HCO_3^- ：$30×0.8=24.0$ SiO_2 ＝30 mg/L　　SiO_2 ：$30×0.8=24.0$ NO_3^- ＝10 mg/L　　NO_3^- ：$10×0.8=8.0$ アニオン合計　　　156 mg/L(as $CaCO_3$)
樹脂量と再生剤量の計算	陰イオン交換樹脂の貫流交換容量を決めてから計算する 樹脂銘柄はダイヤイオン PA-412 とする 再生レベル：100 gNaOH/L-R の貫流交換容量は 52 g as $CaCO_3$/L-R 樹脂量算出式： イオン量[g/m^3]× 処理水量[m^3]×1.55(安全係数)/ 貫流容量[g/L] 樹脂量（PA-412）：$156×200 m^3$ (処理水量)×1.55/52=930 L 薬品量：52 g(L-R) ×930(L-R)＝48.4kg-100% NaOH(101kg-48％NaOH)

備考：イオンの交換樹脂処理はイオン濃度が低くて大量の原水を処理するのに
　　　適しています.

用語解説 当量：分子量をイオンの価数で除したもの.
Ca^{2+}の当量：Ca の分子量＝ 40，価数＝ 2 なので当量は 20(40/2 ＝ 20) となる.

32 イオン交換樹脂量の計算（軟水編）

水中のイオン濃度を $CaCO_3$ 濃度に変換する

本例題では $200~m^3$ の水中に含まれる①硬度成分（Ca^{2+}）と②硝酸性窒素（$NO_3{}^-$）を除去するためのイオン交換樹脂量の計算演習をする.

⬤ 軟水器樹脂量の計算例

イオン交換樹脂（Na型）を用いて溶解度の低いカルシウム成分（$CaCO_3$ 15 mg/L）を溶解度の高いナトリウム型（NaCl 359 g/L）（359,000/15 = 23,933倍）に変える処理装置を軟水器とよびます. **右表①**は軟水器樹脂量の算出例です. $CaCO_3$ は分子量が100で当量はその1/2の50なので計算上都合がよくなります. $CaCO_3$ に換算するには**表①**に示すようにカチオン濃度〔mg/L〕に当量数を乗じます. （Na^+）は50/23 = 2.2, カルシウム（Ca^{2+}）は50/20 = 2.5, マグネシウム（Mg^{2+}）は50/12.2 = 4.1, アンモニア（$NH_4{}^+$）は50/18 = 2.8といった数値になります. これをまとめてカチオン（as $CaCO_3$）の合計量を計算します. ここで, 陽イオン交換樹脂はNa型を使うのでNaイオンの交換分は無視すると483 mg/L（as $CaCO_3$）となります. 次に下段の計算に従って樹脂量を算出します.

計算式：イオン量〔g/m^3〕×処理水量〔m^3〕×安全係数/貫流交換容量〔g/L〕

右表①下段の計算例のようにカチオン樹脂量は2,195 Lとなります.

⬤ 窒素 (NO_3) 除去陰イオン交換樹脂量の計算例

地下水や河川水には肥料や産業排水由来の硝酸性窒素（$NO_3{}^-$）が多く含まれていることがあります. これを上水道水源として使用する場合は規制値の10 mg/L以下にする必要があります. **右表②**は地下水中の硝酸性窒素（$NO_3{}^-$）を陰イオン交換樹脂で除去する計算例です. 樹脂はCl型陰イオン交換樹脂を使うのでCl分は無視します. アニオン（as $CaCO_3$）量をまとめると66 mg/L（as $CaCO_3$）となります.

次に樹脂量を計算します.

計算式：イオン量〔g/m^3〕×処理水量〔m^3〕×安全係数/貫流交換容量〔g/L〕

右表②下段結果のようにアニオン樹脂量は393 Lとなります.

◉ 安全係数：カチオン樹脂25%,, アニオン樹脂55%.
◉ 強酸性樹脂のイオン選択性：$Ca^{2+} > Mg^{2+} > NH_4{}^+ > Na^+ > H^+$.
◉ 強塩基性樹脂のイオン選択性：$SO_4{}^{2-} > NO_3{}^- > Cl^- > HCO_3{}^- > HSiO_3{}^- > OH^-$.

① 軟水器　樹脂量の計算例

<table>
<tr><td rowspan="2">カ チ オ ン の 合 計 を 計 算</td><td colspan="2">（軟水器）陽イオン（カチオン）濃度を $CaCO_3$ 濃度に換算する</td></tr>
<tr><td>
Na^+ ＝30 mg/L
Ca^{2+} ＝100 mg/L
Mg^{2+} ＝50 mg/L
NH_4^+ ＝10 mg/L
</td><td>
Na^+ ：30×2.2＝66（樹脂は Na 型なので 66 は省略）
Ca^{2+} ：100×2.5＝250
Mg^{2+} ：50×4.1＝205
NH_4^+ ：10×2.8＝28
カチオン合計　　549 mg/L（as $CaCO_3$）
549－66＝483 mg/L（as $CaCO_3$）となる
</td></tr>
<tr><td rowspan="2">樹 脂 量 と 再 生 剤 量 の 計 算</td><td colspan="2">陽イオン交換樹脂の貫流交換容量を決めてから計算する</td></tr>
<tr><td colspan="2">
陽イオン交換樹脂はダイヤイオン SK-1B とする
再生レベル：100 gNaCl/L-R の貫流交換容量は 55 g as $CaCO_3$/L-R
樹脂量の算出式
イオン量 [g/m³]× 処理水量 [m³]×1.25（安全係数）/ 貫流容量 [g/L]
樹脂量（SK-1B）：483×200 m³（処理水量）×1.25/55＝2,195 L
薬品量：55 g(L-R)×2,195(L-R)＝121kg－100% NaCl（1,210L-10%NaCl）
</td></tr>
</table>

選択性 $Ca^{2+}>Mg^{2+}>NH_4^+>Na^+>H^+$ の順序により Ca^{2+} が先に吸着し次いで Mg^{2+}, NH_4^+ が吸着します.

② 窒素(NO_3)除去　樹脂量の計算例

<table>
<tr><td rowspan="2">ア ニ オ ン の 合 計 を 計 算</td><td colspan="2">（窒素除去）陰イオン濃度を $CaCO_3$ 濃度に換算する</td></tr>
<tr><td>
NO_3^- ＝30 mg/L
Cl^- ＝10 mg/L
SO_4^{2-} ＝10 mg/L
HCO_3^- ＝20 mg/L
SiO_2 ＝20 mg/L
</td><td>
NO_3^- ：30×0.8＝24
Cl^- ：10×1.4＝14（樹脂は Cl 型なので 14 は省略）
SO_4^{2-} ：10×1.0＝10
HCO_3^- ：20×0.8＝16
SiO_2 ：20×0.8＝16
アニオン合計　66 mg/L（as $CaCO_3$）
</td></tr>
<tr><td rowspan="2">樹 脂 量 と 再 生 剤 量 の 計 算</td><td colspan="2">陰イオン交換樹脂を選定し，貫流交換容量を決める</td></tr>
<tr><td colspan="2">
樹脂銘柄はダイヤイオン SA-10A とする
再生レベル：100 gNaCl/L-R における貫流交換容量は 52 g as $CaCO_3$/L-R
樹脂量算出式：
　　イオン量 [g/m³]× 処理水量 [m³]×1.55（安全係数）/ 貫流容量 [g/L]
アニオン樹脂量（SA-10A）：66×200 m³（処理水量）×1.55/52＝393 L
薬品量：52 g(L-R)×393(L-R)＝20.4kg－100% NaCl（204L-10%NaCl）
</td></tr>
</table>

選択性 $SO_4^{2-}>NO_3^->Cl^->HCO_3^->HSiO_3^->OH^-$ により SO_4^{2-} が先に吸着し次いで NO_3^- が吸着します.

用語解説　**安全係数**：樹脂の安全率を考慮した係数．アニオン樹脂は不安定なので係数が大．
選択性：和田洋六著 造水の技術，pp.130-132，地人書館（1996）を参照．

33 イオン交換樹脂の再生 I –単床塔

飽和に達したイオン交換樹脂の再生

イオン交換樹脂の再生は，樹脂をカラムに充填して固定し，そこに酸，アルカリなどの再生液をゆっくり流すという方法で行う．

再生と押し出しは同じ流速で行うのがポイント

イオン交換樹脂による水の脱塩は普通，**右図①**のように陽イオン交換樹脂塔と陰イオン交換樹脂塔を直列に接続します．処理水量が少ない場合は陽イオン交換塔と陰イオン交換塔の2塔（2床2塔）で脱塩を行います．水量が多い場合や水中の炭酸水素イオン（HCO_3^-）が多いときは，陰イオン交換樹脂にかかる負担が増えるので，陽イオン塔を出た酸性水に空気を吹き込んで炭酸イオン（CO_3^{2-}）を除去します．そのため，イオン交換塔2塔と**脱炭酸塔**1塔（2床3塔）で脱塩を行います．

再生は**右図②**の順で行います．

(1) **脱塩**：イオン交換樹脂が飽和に達した時点で脱イオンを終了します．

(2) **逆洗浄**：脱イオンと逆方向に水を流し，樹脂層をほぐしながら懸濁物などを塔外へ洗い出します．

(3) **再生**：再生薬品（塩酸や水酸化ナトリウム）を塔の上から下方に向けてゆっくり流します．再生薬品には塩酸溶液，水酸化ナトリウム溶液を使いますが薬注ポンプは用いません．**右図③**に示す**エジェクター**に駆動加圧水（水道水，純水など）で圧送して樹脂塔に薬品を送り再生します．これで樹脂は元の形に戻ります．

(4) **押出**：脱塩水で未反応の再生剤を再生時と同じ流速で押し出します．水量は樹脂の約2倍です．再生時と同じ流速で押し出すところがポイントです．

(5) **水洗**：押出工程の延長で，脱塩とほぼ同じ流速で再生溶液を洗浄します．

(6) **脱塩**：所定の水質に達した時点から処理水を脱塩水として回収します．

イオン交換樹脂の交換容量は決まっているので塩分濃度の低い水を大量に処理するほうが実用的です．

- 2床3塔式は大量の水を脱塩処理するのに適している．
- 再生と押し出しは同じ流速で行うのがポイント．
- イオン交換法は塩分濃度の低い水の処理に適している．

① イオン交換塔の配置例

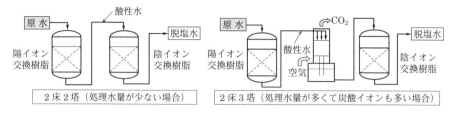

2床2塔（処理水量が少ない場合）　2床3塔（処理水量が多くて炭酸イオンも多い場合）

> **脱炭酸塔**の反応は炭酸飲料中の炭酸が抜けるのと同じ現象を
> 利用したものです.

② イオン交換樹脂の再生手順

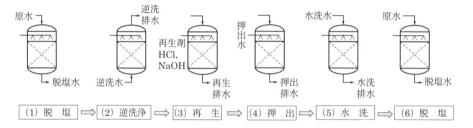

（1）脱　塩　⇒　（2）逆洗浄　⇒　（3）再　生　⇒　（4）押　出　⇒　（5）水　洗　⇒　（6）脱　塩

> 溶離しにくいシリカ（SiO_2）は加温水再生を行うとうまく洗
> 浄できます.

③ エジェクターによる薬品注入

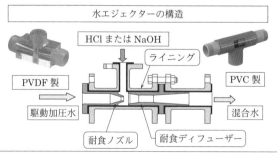

水道水，純水などを
$0.2 \sim 0.5\,MPa$ のポ
ンプ圧力でエジェク
ターに圧送すると
HCl，NaOH 溶液が
吸引されて混合水と
なります.

水エジェクターの作動原理：駆動源として加圧ポンプ水を使う.
減圧部から塩酸，水酸化ナトリウム溶液を吸引するので故障が少ない.

> **用語解説** **炭酸イオン**：炭酸イオン（CO_3^{2-}）は2価の陰イオン.
> 炭酸が1段解離したイオンを炭酸水素イオン（HCO_3^-）という.

34 イオン交換樹脂の再生 II − 並流再生と向流再生

単床塔の再生には並流再生と向流再生がある

イオン交換樹脂の再生は理論上100%できても，実際には60〜80%程度の再生率で行う．

☀ 樹脂の100%再生には多量の再生薬品が必要

イオン交換樹脂の再生を完全に行おうとしたら計算値よりもかなり過剰の再生剤を必要とします．そこで，実際には樹脂の**総交換容量**の60〜80%程度の再生率で再生するのが一般的です．**右図①**は再生率と**再生レベル**の関係例です．

ここで，再生レベルとは樹脂を再生するのに使用する薬品の純量のことです．

図では再生レベル100 g-HCl/L-Rのときが再生率80%です．

右図②は並流再生を模式的に示したものです．

塔上部から原水を流すと(1)の通水終了時点ではナトリウムイオン(Na^+)がリークしています．(2)の再生開始では塔上部から塩酸(HCl)を流すのでCa^{2+}，Mg^{2+}，Na^+などが追い出され廃液となって出て行きます．(3)の再生終了時点では大部分がH^+に置き換わっていますが，塔の出口付近にはまだCa^{2+}，Mg^{2+}，Na^+などが残留しています．

並流再生では水洗した後，採水工程に入り処理水を回収しますが，これらの残留イオンがあるためどうしても初期のうちは水質がよくありません．

これを改善するために**右図③**に示す向流再生方式が考案されました．

図③では原水を塔下部から上部に向けて流します．(1)の通水終了時点ではイオン交換帯が並流再生の場合と逆転しています．(3)の再生終了時点では塔底部にCa^{2+}，Mg^{2+}，Na^+などが残留している点では並流再生と同じです．ところが，採水では塔下部から上部に向かって水を流すので高純度の脱イオン水が回収できます．

○実際の樹脂再生率は60〜80%程度．
○水質は並流再生より向流再生のほうがよい．
○向流再生法は懸濁物のない水の脱塩に適している．

① 再生率と再生レベル

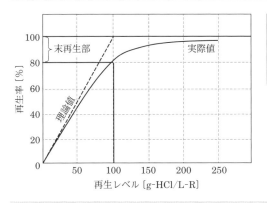

再生レベル〔g-HCl/L-R〕
1 Lのイオン交換樹脂を再生するのに使う薬品(ここでは塩酸HCl)の純量のこと.

② 並流再生

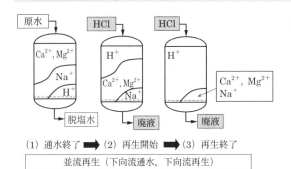

(1) 通水終了 ➡ (2) 再生開始 ➡ (3) 再生終了

| 並流再生（下向流通水，下向流再生） |

並流再生は水洗した後，採水工程に入りますが，Ca^{2+}，Mg^{2+}などの残留イオンがあり，初期のうちは水質があまりよくありません.

③ 向流再生

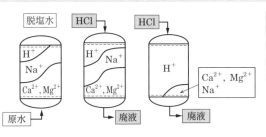

(1) 通水終了 ➡ (2) 再生開始 ➡ (3) 再生終了

| 向流再生（上向流通水，下向流再生） |

向流再生は再生が終わった塔の下から原水を流すのでCa^{2+}，Mg^{2+}などを含まない高純度の脱塩水を回収できます.

 用語解説 **総交換容量**：イオン交換樹脂が交換できる陽イオンまたは陰イオンの総量.
実際のイオン交換処理装置では総交換容量の0.8倍程度で設計する.

35 イオン交換樹脂の再生Ⅲ-混床塔

混床塔の再生方法

陽イオン交換樹脂と陰イオン交換樹脂を混合して使う混床塔の再生は樹脂の分離が決め手.

💧 樹脂は比重の差で分離して再生する

イオン交換反応では通常の化学反応と同様に，化学平衡が成り立ちます．水中のイオンは樹脂の内部に拡散，浸透するまでに一定の時間を要します．もし，樹脂が水の中に自由に浮遊していると，樹脂周辺の溶液と樹脂表面が平衡に達し，イオン交換反応が進みません．そこで，イオン交換処理では樹脂層を固定床とし，原水や再生剤を流動させる方法をとっています．カチオン樹脂とアニオン樹脂を混合して使う混床塔は得られる水質がよいのでボイラ水や精密機器洗浄用水などの脱塩に用いられています．

混床塔の再生は**右図①**のように1つの塔の中で塩酸や水酸化ナトリウムを流して再生します．どのメーカーの樹脂でもカチオン樹脂（比重約1.4）とアニオン樹脂（比重約1.2）には比重差があります．そこで，混床塔では樹脂層の下から水を送ってアニオン樹脂を上層，カチオン樹脂を下層に分離します．

次に，分離した上層には水酸化ナトリウム溶液，下層に塩酸溶液をゆっくり送って再生します．再生廃液は塔の中間に設けた**集水管**（**コレクター**）を経て排出します．

再生後は樹脂を空気で混合し，水洗してから脱塩に用います．

右図②は混床塔の再生手順の詳細です．**写真の実装置**ではこれらの動きをすべて自動で行えるように設計してあります．混床塔でイオン交換樹脂を長い間使っていると破砕や磨耗により，カチオン樹脂とアニオン樹脂の分離面が不明確になって再生不良の一因となります．したがって，混床塔装置では定期的な樹脂の検査が重要です．

- イオン交換樹脂の再生は樹脂を固定し再生剤を動かすのが原則.
- 混床塔の再生は樹脂の分離が重要.
- コレクターは，酸，アルカリが通過する交差点.

① 混床塔のアニオン再生, カチオン再生, 脱塩工程

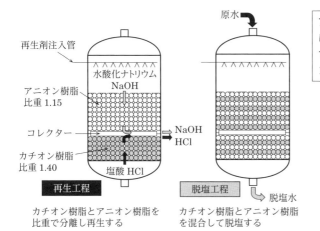

再生剤注入管

水酸化ナトリウム NaOH

アニオン樹脂
比重 1.15

コレクター

カチオン樹脂
比重 1.40

塩酸 HCl

原水

NaOH
HCl

脱塩水

再生工程

カチオン樹脂とアニオン樹脂を
比重で分離し再生する

脱塩工程

カチオン樹脂とアニオン樹脂
を混合して脱塩する

> **アニオン樹脂**はカチオン樹脂
> に比べて交換容量が少ないの
> で，実際には**カチオン樹脂**の
> 1.2〜1.5倍量を充填します.

② 混床塔の再生手順と装置の外観

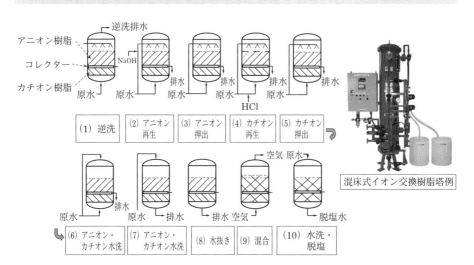

アニオン樹脂

コレクター

カチオン樹脂

逆洗排水

NaOH

原水　原水　排水

原水　排水

原水　排水

原水

HCl

(1) 逆洗	(2) アニオン 再生	(3) アニオン 押出	(4) カチオン 再生	(5) カチオン 押出

原水　排水

原水　排水

排水　空気

空気　原水

脱塩水

(6) アニオン・ カチオン水洗	(7) アニオン・ カチオン水洗	(8) 水抜き	(9) 混合	(10) 水洗・ 脱塩

混床式イオン交換樹脂塔例

用語解説　**化学平衡**：可逆反応で順方向と逆方向の反応が吊り合っている状態.
コレクター：酸，アルカリ，塩分が集中して通る交差配管．目詰まりに注意.

36 膜面が詰まりにくいクロスフローろ過

原水の流れで膜面を洗うのでろ過膜が詰まりにくい

膜面の閉塞防止の目的で，ろ過水の出口方向に対して原水を直角に流すのが
クロスフロー方式である．

❂ クロスフローろ過も逆洗浄が必要

工業用水処理における膜分離では膜面の閉塞を防止する目的でろ過水の出口方向
に対して原水を直角方向に流すクロスフロー方式を採用します．

右図①は全量ろ過とクロスフローろ過の水の流れを比較したものです．

全量ろ過は私たちが実験室で経験するろ紙を用いたろ過と同じです．図左のよう
に，懸濁物質を含んだ水をろ紙でろ過すると，初めのうちはろ過水がよく出ますが，
懸濁物（ケーキ）が膜面に積もると水が出なくなります．これが全量ろ過におけるろ
過時間と**透過流束**（単位時間，単位面積を通過する水量〔$m^3/m^2 \cdot h$〕）の関係です．

一方，**右図①**のクロスフローろ過では膜面上に積もろうとする懸濁物質を原水で
洗い流すので膜面の閉塞を防ぐことができます．クロスフローろ過では初めのうち
は透過流束が少し低下しますが一定時間を経過すると膜面の自己洗浄の効果で，そ
れ以後はあまり低下しません．クロスフローろ過では，透過水の流出量に比べて
10倍以上の流量で水を循環させます．そのため，大きなポンプを使うので一見，
ムダに見えますが膜の閉塞防止の観点から有効な手段です．

右図②は鉄化合物の比重と流動を始めるときの流速を調べたものです．

図の結果から水酸化鉄は流速が0.2 m/sec以上あれば流動を始めます．したがって，
MF膜やUF膜のモジュール内面では0.3 m/sec以上の流速を確保すればスケール沈
着を防ぐことができます．この考え方は膜処理でクロスフローろ過を行う場合に適
用できます．

○ 透過水量は全量ろ過よりクロスフローろ過のほうが多い．
○ クロスフローろ過は原水の流れで懸濁物を洗い流す．
○ 膜表面での流速が0.3 m/secあれば，ほとんどの懸濁物は流動する．

① 全量ろ過とクロスフローろ過

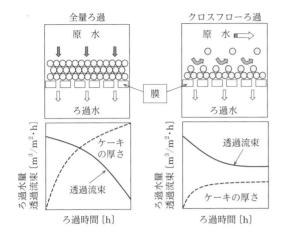

クロスフローろ過でも膜面は詰まるので，一定時間ろ過したら化学薬品による洗浄が必要です．

② 鉄酸化物の比重と流動開始時の流速

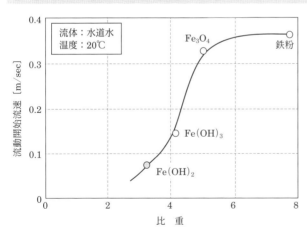

比重が大きい物質ほど，水の流速を速くしないと流動しません．

用語解説 透過流束(Flux)：単位時間，単位面積あたりに透過する水量のこと．
逆洗浄：通常のろ過方向とは逆の方向で洗浄を行う操作．

79

37 MF膜ろ過−砂ろ過より高精度

膜孔径以上の粒子は確実に分離できる

MF膜は化学薬品を使わないで汚濁水を浄化できるという長所がある.

☾ MF膜ろ過は「篩ろ過」

　MF膜ろ過の長所は化学薬品(ポリ塩化アルミニウム,硫酸アルミニウム,高分子凝集剤など)を使わないで汚濁水を浄化できる点にあります.

　右表①は物質の大きさと分離方法の関係例です.粒子径が10 μm以上の砂粒子や金属水酸化物ならば沈殿や砂ろ過で分離できますが,10 μm以下になると対応が難しくなります.MF(Micro Filtration)膜は0.05〜10 μmの粒子を「篩ろ過」で分離できます.UF(Ultra Filtration)膜は0.008〜0.8 μmの物質(分子量では300〜300,000程度)を分離できます.MF膜とUF膜によるろ過では0.2〜0.5 MPaの圧力で原水を膜面に供給し水中の懸濁物質や溶解成分を分離します.

　右図②は間欠逆洗式MFろ過のフローシート例です.

　装置の操作手順は(1)〜(4)です.

(1) 循環タンクの原水は循環ポンプ,MF膜,循環タンクの経路で循環します.

(2) MF膜出口の調節弁を調整し,ろ過圧力0.1〜0.3 MPa程度の圧力でろ過した水は逆洗水タンクに常時貯留し,流出した水を利用します.

(3) 所定の時間ろ過したら,タイマーを作動させて逆洗水タンクの水を加圧空気(0.1〜0.2 kPa)で膜の2次側から圧送して膜面を逆洗浄します.

(4) 洗浄排水は濃縮水側に排出するか,または循環タンクに戻します.

　濃縮水タンクの水は一定時間ごとにタンク底部から引き抜きます.

　一定時間使用したMF膜は汚濁物質が付着,堆積するので酸やアルカリで化学洗浄します.

○ MF膜ろ過は砂ろ過より精度が高い.
○ MF膜ろ過は全自動運転が可能.
○ MF膜でもたまには薬品洗浄が必要.

① 物質の大きさと分離方法

	溶解物質			懸濁物質			
	イオン	分子	高分子	微粒子		粗粒子	
粒子径〔μm〕	0.001　0.01		0.1　　1		10	100　1,000	
粒子径〔nm〕	1　　10		100　1,000				
物質名	イオン　ウイルス 溶解塩類　　　　　　細菌 コロイド (1 ～ 1,000 nm) 　　　　　　　　　粘土			● 大腸菌 1 ～ 2 μm 金属水酸化物 砂粒子			
分離方法	● 水分子　　　　MF 膜 0.38 nm　　UF 膜 　　RO 膜 分画分子量：150,000 　　　　　　粒子径 0.01 μm 膜分離			沈　殿 砂ろ過 ろ紙ろ過　重力分離			

水中の物質の分離は (1) 沈殿分離 (2) 砂ろ過 (3) MF 膜分離 (4) UF 膜分離 (5) RO 膜脱塩 (6) イオン交換処理というように段階的に行うのが合理的です。

② MFろ過装置のフローシート例

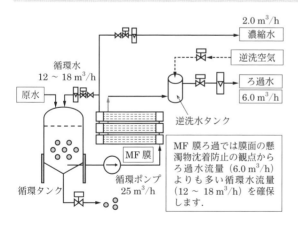

循環ポンプは循環タンクの底から水を抜いて膜に送るのがポイントです.

MF 膜ろ過では膜面の懸濁物沈着防止の観点からろ過水流量（6.0 m³/h）よりも多い循環水流量（12 ～ 18 m³/h）を確保します.

用語解説 篩ろ過：大きなものを篩にかけて小さなものと分別する操作と同じ.
膜の細孔より大きな粒子は確実に分離できる.

38 UF膜ろ過−化学物質も分離できる

UF膜のろ過性能は「分画分子量」で表す

UF膜は，高分子物質の透過を阻止し，水，イオン状物質，低分子物質を透過する．

❂ UF膜の細孔は顕微鏡では測定できない

限外ろ過膜（UF膜：Ultrafiltlation Membrane）は水や液体をろ過する膜で，分子量に換算しておよそ300〜300,000の物質を分離できます．孔径はおおむね0.001〜0.01 µmで，逆浸透膜（RO膜，NF膜）より大きく精密ろ過膜（MF膜）よりも小さい範囲の物質を分離します．UF膜はMF膜と違って細孔が小さくて顕微鏡では測定できないので，分離性能を比較するのに膜を通過できる物質の分子量の大きさ「分画分子量」で表します．右図①左はUF膜の構造と分離できる物質例です．図①右は人工透析装置にUF膜を充填したろ過膜ユニット（ダイアライザー）です．

中空糸型透析膜には中空糸膜が約4,000〜5,000本束ねて収納されており，この線維の中を血液が通り，外側に透析液が流れます．血液と透析液が透析膜（UF膜）を隔てて接触すると透析膜には非常に小さな孔があいているため，分子量の小さな物質は濃度の濃いほうから薄いほうへ移動し，濃度が等しくなるようになります．人工透析はこの性質を利用したもので透析液側に水分，電解質，老廃物などが移動して血液浄化されます．右図②にマカロニ状の中空糸UF膜内の水の流れを示します．

原水は外→内または内→外に向かって流します．どちらの流れ方向の膜を選ぶかは対象とする試料水の性状で異なります．懸濁物質の多い場合は中空糸膜内の流速が均一になる内→外方向の膜が有利です．懸濁物質の多い試料を外→内方向の膜でろ過すると中空糸膜の間に懸濁物質が付着・堆積して流路がふさがれ，切断することもあるので注意が必要です．膜の材質には従来から，ポリサルフォン，ポリエチレン，セルロースなどがありますが，最近は耐薬品性があり，物理的にも損傷（破断・生物侵食など）しにくいポリふっ化ビニリデン（PVDF）製の膜が実用化されています．

- UF膜は分子量300〜300,000の物質を分離.
- UF膜はマカロニ状の中空糸膜が実用的.
- PVDF製のUF膜は耐薬品性があり丈夫.

① UF膜の分離物質と透析膜のろ過機構

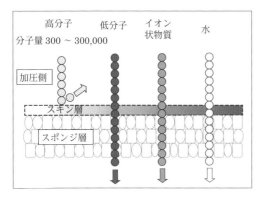

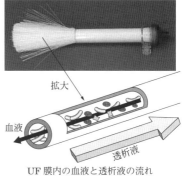

UF膜内の血液と透析液の流れ

② 中空糸膜内のろ過方式と膜断面写真例

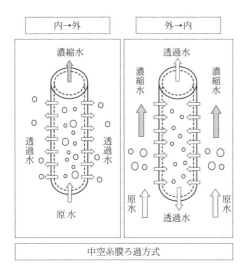

中空糸膜ろ過方式

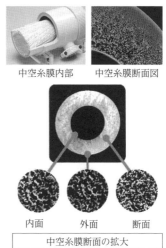

中空糸膜内部　　中空糸膜断面図

内面　　外面　　断面

中空糸膜断面の拡大

用語解説　**高分子物質**：一般に分子量が1万以上の物質が高分子とよばれる.
ダイアライザー：UF膜を使った人工透析装置. 人工腎臓の役割を果たしている.

39 RO 膜による塩分除去の原理

RO 膜の水分離は水分子の吸着と加圧ろ過の複合作用

RO 膜は水分子が吸着するとともに細孔を加圧ろ過により通過して水を分離する.

● RO 膜は水の分子だけを通す

逆浸透膜の細孔の大きさは水の分子 (約0.38 nm) より大きい (約2 nm) とされています. 逆浸透膜でナトリウムイオン (1個が0.12〜0.14 nm) などが通過しにくくなるのは, 「水和」によりナトリウムの周囲に水分子が**配位**することで見かけの大きさが数倍から十数倍になったようにふるまうためです. 水和する水分子の数はイオンの電荷が多いほど多数で, 元素の周期が大きいほど大です. 更にクロマトグラフィーのように膜の内部で水の分子と不純物との拡散速度の差により分離が行われている点も無視できず, 実際の分離はこれらの働きが複雑に絡み合っていると考えられます.

● 水分子吸着説 (右図①)

水 (H_2O) は**芳香族ポリアミド RO膜 (m-フェニレンジアミンおよびトリメソイルクロリドの界面縮合反応で製膜される**[※]) 表面の C＝O 基に水素結合で吸着し, その後は圧力勾配で順次, 反対側に移送され透過水となります. これに対し塩分 (NaCl, $MgCl_2$) は水素イオン (H) をもっていないので図のように水素結合にあずかれず, はねられてしまいます. これにより水中の塩分が分離されます.

● 水分子ろ過説 (右図②)

RO 膜面は細孔径約2 nmの穴が開いているので水分子 (H_2Oの大きさ約0.38 nm) は右図②のように通過できます. 水分子より小さいナトリウムイオン (0.12〜0.14 nm) などが通過しにくくなるのは, 「水和」によりイオンの周囲に水分子が配位して見かけの大きさが数倍から十数倍になったようにふるまうためです.

- ◦ **ポリアミド**：アミド結合によって多数のモノマーが結合してできたポリマー.
- ◦ **水素結合**：共有結合, イオン結合より弱くそれらの化学結合より切断されやすい.
- ◦ **拡散**：粒子, 熱, 運動量などが, 散らばり, 広がる, 物理的な現象.

※ H.Matsumoto,"Surface Electrochemical Properties of Charged Membrans" *MEMBRANE*, 29, pp.345-349 (2004)

① 水分子の膜面への水素吸着説

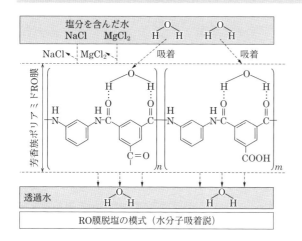

RO膜脱塩の模式（水分子吸着説）

RO膜を透過した水のpHは必ず低下します．これは水中の二酸化炭素（CO_2）が膜面を通過して水イオン（H_2O）と反応し，炭酸（H_2CO_3）に変化するためです．

② 水分子のろ過説

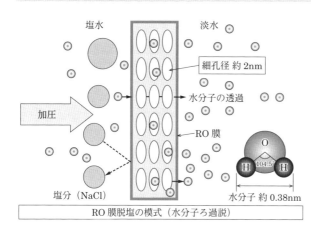

RO膜脱塩の模式（水分子ろ過説）

シリカは水質試験では便宜上SiO_2として表しますがpH9ではH_2SiO_3，pH9以下では$Si(OH)_4(H_2O)_2$で存在するなど複雑に変化します．このうち分子量の小さいものがRO膜を透過します．

用語解説	**水和**：化学用語の1つで，ある化学種へ水分子が付加する現象． **配位結合**：2つの原子の一方からのみ結合電子が提供される化学結合．

40 RO膜脱塩−逆浸透作用で水を分離

浸透圧の2倍のポンプ圧力で塩分を分離

RO膜は水分子を透過しますが，水に溶解したイオンや分子状物質は透過させない性質をもつ半透膜です．

RO膜は水の分子だけを通す

逆浸透膜による脱塩の原理を**右図①左**に示します．水は透過させても水に溶解したイオンや分子状物質を透過させない性質の半透膜（RO膜）を隔てて**図(1)**のように塩水と淡水が接すると，**図(2)**のように淡水は塩水側へ移動して，塩水を希釈しようとします．これは自然現象で浸透作用（Osmosis）とよばれます．この希釈現象は浸透圧と液面差の圧力が吊り合うまで続きます．逆浸透（Reverse Osmosis）はこの関係とは逆に，塩水側に浸透圧以上の圧力を加えると**図(3)**のように塩水側から淡水側へ水だけが移動します．この原理により海水から真水を得ることができます．**図①右**はRO膜モジュールの図です．平膜のRO膜シートをのり巻き状に加工してFRPやSUS製のベッセルに収納して使います．8インチ膜1本でろ過面積は約 $28\,\mathrm{m}^2$ もあります．

右図②はRO膜装置のフローシート例とRO膜表面の顕微鏡写真です．

塩分を含んだ水はRO膜を経て脱塩水となります．一方，高圧側の濃縮水は大半を供給ポンプ側に戻し，一部を濃縮水として排出します．したがって，RO膜装置では必然的に濃縮水が発生します．RO膜面の濃縮を防ぐ手段として装置を停止する場合は，自動弁V1とV2を閉じてV3を開けて濃縮水を追い出し，濃縮水側の水を原水で置換します．これにより，濃縮水側は塩分濃度の低い原水と同じになるのでスケール析出を防止できます．**図②右**はRO膜表面の顕微鏡写真例です．RO膜表面は肉眼では平滑に見えますが顕微鏡下では「ひだ」だらけで凸凹です．小さなコロイド状シリカや懸濁物質などはここに引っかかるので前処理で確実に分離するのが重要です．

右図③はRO膜ベッセルの配置例と回収率の関係です．回収率は原水に溶解している溶質が析出する濃度から決めますが工業用水の処理では60〜80％です．

- RO膜処理では必ず濃縮排水が出る．
- 前処理で取り切れないコロイド状シリカや硬度成分はスケール防止剤添加で対応する．
- RO膜処理では濃縮水側の濃度管理が重要．

① 逆浸透作用の原理

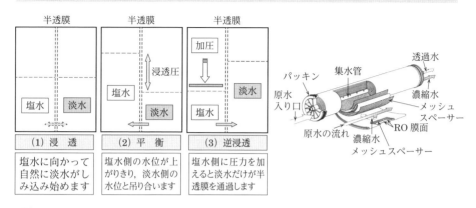

(1) 浸 透	(2) 平 衡	(3) 逆浸透
塩水に向かって自然に淡水がしみ込み始めます	塩水側の水位が上がりきり，淡水側の水位と吊り合います	塩水側に圧力を加えると淡水だけが半透膜を通過します

② RO膜装置のフローシート例とRO膜表面の顕微鏡写真

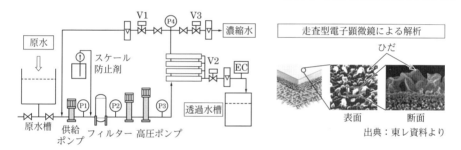

走査型電子顕微鏡による解析

ひだ

表面　　　断面

出典：東レ資料より

③ 回収率とRO膜ベッセルの配置例

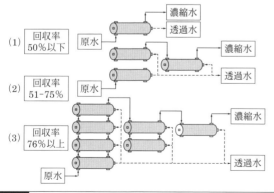

塩分濃度の高い海水淡水化では回収率を40%以下で運転するので，左の図(1)の配列とします．

用語解説 ベッセル（Vessel）：容器の意味．RO膜を納める直径4インチまたは8インチの円筒形の容器（長さは1〜6m）をRO膜ベッセルとよぶ．

87

41 ランゲリア指数

水の腐食性を示す指数

ランゲリア指数は小さいほど炭酸カルシウムが溶解しやすく腐食性が増す.
冷却水の水管理に用いるが RO 膜のスケール防止にも適用.

ランゲリア指数とは

ランゲリア指数(Langeria index)は水の腐食性と炭酸カルシウム皮膜形成の目安として使用されています. 炭酸カルシウムが飽和されているかどうかを pH, カルシウム硬度, 溶解固形物量(TDS), 温度など考慮に入れて判定する式です.

具体的には水の実際の pH と炭酸カルシウム飽和 pH (pHs) の差 (pH – pHs) を求めることで, 炭酸カルシウム成分の飽和度を示します.

飽和指数がプラス(+)の値で数値が大きい程, 炭酸カルシウム皮膜が金属表面に析出する可能性が大となり防食され, マイナス(−)になると炭酸カルシウム皮膜は形成されにくく腐食傾向が強くなります.

ランゲリア指数(LI)は配管や熱交換器などの防食の観点から水の性質を表す値で, 水中の炭酸カルシウムが溶解も析出もしない平衡状態になる pH 値と定義されています.

ランゲリア指数(LI) = pH (実測 pH) − pHs (炭酸カルシウムの飽和 pH)

上記計算結果より LI が 0 より大きい場合スケール(析出)となり, 0 より小さい場合は腐食の傾向を示します. ランゲリア指数自体は, 水道の水質基準項目や健康影響などの項目にはありません. ただし,「水質管理目標設定項目」に指定されており, 基準値は −1 以上で 0 に近づけることが推奨されています.

ランゲリア指数が低いと, 腐食性が高く配管や機器への腐食が進行し, 装置材料の寿命が短くなります. ランゲリア指数の算出方法には (1) 水道公定法による方法と (2) 簡便計算法(ノーデル法)があります.

○ ランゲリア指数は 1950 年代に冷却水システムをもつ日本の企業が研究していた.
○ ランゲリア指数は金属材料の腐食傾向, スケール生成傾向の指数として活用できる.
○ ランゲリア指数は RO 膜処理プロセスでも重要な管理項目として応用できる.

① ランゲリア指数の計算方法（簡便計算法：ノーデル法）

蒸発残留物 [mg/L]	A 値
50 ~ 300	0.1
400 ~ 1,000	0.2

水温 [℃]	B 値
0 ~ 1	2.6
2 ~ 6	2.5
7 ~ 9	2.4
10 ~ 13	2.3
14 ~ 17	2.2
18 ~ 21	2.1
22 ~ 27	2.0
28 ~ 31	1.9
32 ~ 37	1.8
38 ~ 43	1.7
44 ~ 50	1.6
51 ~ 56	1.5
57 ~ 63	1.4
64 ~ 71	1.3
72 ~ 81	1.2

カルシウム硬度 [mg/L]	C 値
10 ~ 11	0.6
12 ~ 13	0.7
14 ~ 17	0.8
18 ~ 22	0.9
23 ~ 27	1.0
28 ~ 34	1.1
35 ~ 43	1.2
44 ~ 55	1.3
56 ~ 69	1.4
70 ~ 87	1.5
88 ~ 110	1.6
111 ~ 138	1.7
139 ~ 174	1.8
175 ~ 220	1.9
230 ~ 270	2.0
280 ~ 340	2.1
350 ~ 430	2.2
440 ~ 550	2.3
560 ~ 690	2.4
700 ~ 870	2.5
800 ~ 1,000	2.6

アルカリ度 [mg/L]	D 値
10 ~ 11	1.0
12 ~ 13	1.1
14 ~ 17	1.2
18 ~ 22	1.3
23 ~ 27	1.4
28 ~ 35	1.5
36 ~ 44	1.6
45 ~ 55	1.7
56 ~ 69	1.8
70 ~ 88	1.9
89 ~ 110	2.0
111 ~ 139	2.1
140 ~ 176	2.2
177 ~ 220	2.3
230 ~ 270	2.4
280 ~ 350	2.5
360 ~ 440	2.6
450 ~ 550	2.7
560 ~ 690	2.8
700 ~ 880	2.9
890 ~ 1,000	3.0

試料水の水温，pH値，カルシウム硬度，総アルカリ度および全固形分を測定し，pHs算定表から各測定値に該当する数値（A値~D値）を用い，次式によりpHsを求め，ランゲリア指数を算出します.

ランゲリア指数
　＝水のpH値－pHs値

pHs値＝（9.3＋A値＋B値）－（C値＋D値）

ただし
A値：蒸発残留物の濃度により定まる値
B値：水温により定まる値
C値：カルシウム硬度により定まる値
D値：総アルカリ度により定まる値
A値の蒸発残留物
≒電気伝導率×0.7

② 日本の水道水におけるランゲリア指数

　浄水場のランゲリア指数をみると，多くは－1.0～－1.5の範囲に分布しています（ウェブサイト「水道水質データベース」参照）. 冷却水などの工業用水を浄化する脱塩処理（RO膜ろ過処理）工程で，ランゲリア指数の管理は重要な項目です.

③ ランゲリア指数の改善方法について

　ランゲリア指数はpHを酸，アルカリに調節することで変えることができます.

　アルカリ側にするには水酸化ナトリウムなどのアルカリ剤を注入すればpHが上昇しランゲリア指数はプラス側へ移行します. 酸側に移行するには，塩酸や希硫酸などの酸を注入するとマイナス側に移行します. また給水管や給湯管などの配管の腐食防止に用いる赤水防止剤添加の場合，水そのものが軟水で腐食傾向が高くランゲリア指数が著しくマイナスになっていることもあります. このような場合，カルシウムを添加してpHを高めればランゲリア指数を改善することができます. 赤水防止剤のリン酸塩とカルシウムが金属材料の内部にリン酸カルシウムの被膜を形成するので赤水の防止となります.

用語解説 **ランゲリア指数**：1936年アメリカのランゲリア氏の提案. 水中で炭酸カルシウムが飽和しているかをpH，Ca硬度，TDS，温度など考慮に入れて判定する式.

42 脱炭酸処理（スクラバー方式）

地下水に含まれる遊離炭酸の除去

集合住宅における井戸水の利用で銅配管に腐食事故が発生．

脱炭酸処理の必要性

　日本国内の地下水を汲み上げた場合，被圧地下水は一般的にガスを含んでいるケースがたくさんあります．その中でも遊離炭酸を含む事例が多く見られます．通常，遊離炭酸は軽微なものは地上に揚水した後，自然に減少しますが含有量が多い場合は給水管，給湯管，機器関係に悪影響を及ぼし，腐食事故の発生原因となります．そのため，脱炭酸処理が必要となります．井戸水に含まれる脱炭酸処理についての処理フローシートを**右図①**に示します．脱炭酸処理を行うと井戸水の原水に含まれる遊離炭酸が**右図②**のように変化します．遊離炭酸（H_2CO_3）が炭酸イオン（HCO_3^-）に変化することでpHが上昇し**右表③**に示す水質測定結果の通り遊離炭酸が除去されたことが確認されます．

　以下に遊離炭酸による給湯配管事故例を示します．ある集合住宅で井戸を掘削して，水質検査を行ったところ飲料水適合との結果より，減菌処理を行い施設全体で利用を開始しましたが程なくして蛇口や給湯設備から青水が発生．浴槽に湯張りを行うと，青っぽい色となっていました．調べた結果，供給水のpHが6.1の酸性で銅イオンが溶解し給湯配管から溶出して温水が青色に変色していました．理由は井戸原水に含まれる遊離炭酸が原因で，脱炭酸装置を設置すると給水のpHが7.0となり問題解決しました．通常，飲料水水質基準には遊離炭酸などの基準がなく，飲料水基準のみに対応する施設で井戸水を供給するとこのような事故が発生します．そのため（社）日本冷凍空調工業会では施設全体に供給する水質などに基準を設けており遊離炭酸の使用範囲は4.0 mg/L以内と定めています．このように飲料水基準のみで空調設備，その他機器周りなどに水や温水を供給する設備設計を行う場合は基準項目に加えて遊離炭酸濃度の存在を確認しておくことが重要です．

- **一般社団法人 日本冷凍空調学会**：冷凍・空調に関連する学術技術普及の業界団体．
- **社団法人 日本銅センター**：銅製品に関する調査・研究・技術開発を行っている団体．
- **遊離炭酸（H_2CO_3）**：炭酸が空気に接触するとHCO_3^-に変わりpHがわずかに上昇する．

① 処理装置のフローシート

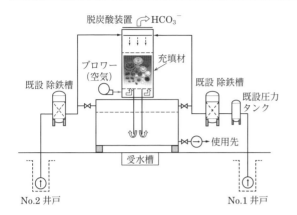

左のフローシートでは地下水中の鉄分を除去した後，充填材を入れた塔上部から水を流下させ，下方より空気を送り充填物表面で接触させると水中の炭酸(H_2CO_3)が除去できます。
原理は炭酸飲料に空気を吹き込むと炭酸ガスが分離できるのと同じです。

② pH変化と炭酸物質量存在率(モル比)変化の関係

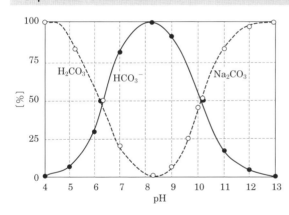

pHがアルカリ側に移行すると遊離炭酸(H_2CO_3)が重炭酸塩(HCO_3^-)となり，炭酸イオン(CO_3^{2-})に変化します。
地下水などは，浸食性遊離炭酸を多く含み，金属の腐食を起こすのでpH管理が重要となります。

③ 井戸原水とRO膜処理水の水質

検査項目	井戸原水	脱炭酸処理水
遊離炭酸 [mg/L]	44.0	8.8
pH	6.22	7.01
ランゲリア指数 [mg/L]	-2.67	-1.80
M アルカリ度 [mg/L]	40	45
硬度 [mg/L]	32	39

用語解説　**モル比**：1分子量を1molとよぶ．水(H_2O)は18gが1mol．モル比はモルの比率．
pH：水素イオン濃度指数をpHとよぶ．pH1〜7は酸性，7〜14はアルカリ性．

43 脱炭酸処理（脱気膜方式）

RO膜透過水に含まれる遊離炭酸の除去

水中に炭酸(H_2CO_3)があるとRO膜を通過するので透過水pHが低下する。
化学薬品を使わずpHを上げるには脱気膜による脱炭酸処理が有効である。

高純水製造ではRO膜透過水の脱気膜処理が重要

右図①左は水に対する酸素(O_2)と二酸化炭素(CO_2)溶解度です。酸素の溶解度は1気圧，20℃で約8.8 mg/L，二酸化炭素(CO_2)は20℃で約1.8 mg/Lです。

工業用水に酸素が含まれているとボイラや熱交換器などの金属材料を腐食し障害を発生させます。そこで，スプレー式の脱気器（**図①右**）や真空脱気器などを用いて物理的な酸素除去を行いますが，供給水の溶存酸素8 mg/Lを0.3 mg/L程度まで低下させるのが限界です。溶存酸素をもっと下げるには下式(1)(2)に示す①亜硫酸ナトリウムや②ヒドラジンなどの還元剤による化学的な酸素除去法が併用されています。

- 亜硫酸ナトリウム：$2Na_2SO_3 + O_2 \rightarrow 2Na_2SO_4$ ・・・・・・・・・・・・・・・・・・(1)
- ヒドラジン：$N_2H_4 + O_2 \rightarrow N_2 + 2H_2O$・・・・・・・・・・・・・・・・・・(2)

私たちはゴム風船が数日で自然にしぼむことを経験します。これと同様に孔のない高分子膜も気体をわずかに通します。この原理を利用して水中の気体（酸素，炭酸など）を分離できる「**脱気膜**」があります。脱気膜による脱気は薬品を添加しないため長期的観点から衛生上の問題がなく給水・給湯，高純水製造工程で使用されています。

右図②はRO膜装置，脱気膜，CEDI装置を組み合わせた高純水製造装置のフローシート例です。ここでの真空ポンプは水封式ポンプを使用していますが水封用の水にRO膜濃縮水を再利用しています。

右図③は脱気膜装置部分のフローシートと実際の装置写真です。細いマカロニ状の中空糸膜の内部に水を流して外側を真空ポンプで減圧すると水に溶けた酸素，CO_2を物理的に吸引除去できます。この方法は化学薬品を使わないのでRO膜処理水や食品加工用水の脱気装置として実用化されています。

- 二酸化炭素(CO_2)は酸素と違って圧力をかければ水に多く溶解する（実例に炭酸飲料がある）。
- 工業用水中の酸素やCO_2は装置材料を腐食する（湯沸し器の銅合金を溶解する事例など）。
- **水封式真空ポンプ**：ケーシングに水を入れ羽根車を回転させて真空状態をつくるポンプ。

① 水に対する酸素, CO_2 の溶解度とスプレー式ボイラ脱気器の構造図

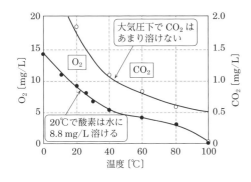

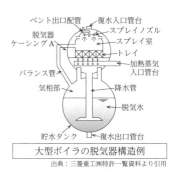

大型ボイラの脱気器構造例

出典：三菱重工㈱特許一覧資料より引用

② RO膜, 脱気膜, CEDIを組み合わせた高純水製造装置フローシート

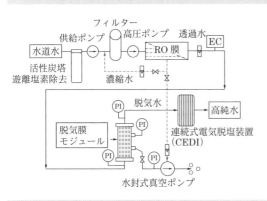

水封式真空ポンプで減圧脱気する場合は**左図**のようにモジュール出口ノズルを斜め下向きに配管しておくと「水切れ」がよくなるので脱気効果が安定します.

③ 脱気膜による脱酸素のしくみ

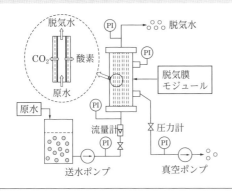

脱気膜装置例

用語解説	**気圧**：地球上の気圧は約 1,013 hPa で, これが「1 気圧」とよばれる. **亜硫酸ナトリウム**：白色結晶. **ヒドラジン**：液状の還元剤.

44 電気透析−脱塩と濃縮が同時に可能

電気透析膜は電気のパワーでイオンを分離する

電気透析膜は再生が不要なので，再生廃液が出ないという特長がある．

☾ 電気透析膜はイオン選択通過膜

　電気透析は陽イオン交換膜と陰イオン交換膜を交互に組み，両端の電極から直流電圧を流して水中のイオンを電気エネルギーで移動させて脱塩するプロセスです．イオン交換膜には陽イオンを選択的に透過させる陽イオン膜と陰イオンを選択的に透過させる陰イオン膜があり，ここに塩分を含んだ水を流すと陽イオンと陰イオンの分離ができます．**右図①**はイオン交換樹脂とイオン交換膜の違いを比較したものです．陽イオン交換樹脂はNaClのNa$^+$を吸着し，その代わりに樹脂がもっているH$^+$イオンを放出するのでNaClはHClとなります．陽イオン交換膜は陽極側にあるNaClのうちNa$^+$イオンだけが膜を通過して陰極側に移動するので，陽極にはCl$^-$イオンが残ります．イオン交換膜とイオン交換樹脂との基本的な違いは，膜がイオンを吸着するのではなく，膜両端の電極に直流電流を流すと，イオンが選択的に膜を透過するところで，イオン交換樹脂のように再生が不要になることです．

　右図②はイオン交換膜とイオン交換樹脂を組み合わせた連続式電気脱塩装置（**CEDI**：Continuous Electrodialyzer）の略図と外観写真です．給水は脱塩室と濃縮室に流入します．脱塩室の塩分（Na$^+$，Cl$^-$）はまず，イオン交換樹脂に捕捉され，脱塩水となります．Na$^+$とCl$^-$はいったん樹脂に捉えられるもののイオン交換膜を介してNa$^+$は陰極側に，Cl$^-$は陽極側に電気的な力で引っ張られ，濃縮水として外部に排出されます．脱塩室下流にあるイオン交換樹脂がさらに塩分を除いて処理水の純度を高くします．実際にCEDIを使うには前処理にRO膜装置を設けてイオンの大半を分離しておきます．RO膜処理水は膜脱気装置で炭酸を除いておくとCEDIにかかる負担が軽減されます．

○ 電気透析膜は再生不要だが前処理で塩分，シリカなどの大半を除去しておくとよい．
○ CEDIは平型とスパイラル型がある．
○ CEDIは純水処理に適している．

① イオン交換樹脂とイオン交換膜のはたらきの違い

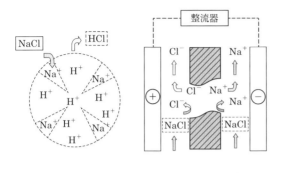

| (1) 陽イオン交換樹脂 | (2) 陽イオン交換膜 |

> **イオン交換樹脂**はイオンの「両替」を行います.
> **イオン交換膜**はプラスとマイナスイオンが通り抜ける改札口と同じ役割をしています.

② 連続式電気脱塩装置(CEDI)の原理と装置外観

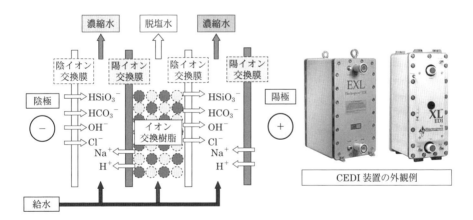

CEDI 装置の外観例

用語解説 **連続式電気脱塩装置**:陽イオン交換膜と陰イオン交換膜の間にイオン交換樹脂を充填後,常時,電流を流しながら連続して脱イオンと再生を行う装置.

45 純水−産業活動に欠かせない高純度の水

純水をつくるにはイオン交換法と RO 膜法がある

水の全蒸発残留物が数 mg/L（ppm）以下で表示される水を「純水」とよぶ.

混床塔式は高純度水が得られる

純水をつくるには，一般に①RO膜法と②イオン交換樹脂法による脱塩および①と②を組み合わせた方法が用いられています.

右図①は水道水をRO膜で脱塩するフローシート例です.

ここでは，電気伝導率（EC）150 μS/cm の水道水を活性炭で処理し塩素を除いた水を原水としています. 図のRO膜装置は4インチ低圧膜3本を2：1の比率に配置してあります. これを用いて圧力0.5 MPa，水温25℃の水道水を脱塩すると電気伝導率5 μS/cm（TDS 3.5 mg/L）の純水が0.75 m³/h程度の流量で安定して得られます.

右図②は2床2塔式イオン交換法による脱塩の模式図です.

イオン交換樹脂法ではイオン交換樹脂に通水した水のすべてが純水として使えるので，RO膜処理と違って原水をムダにすることがありません. しかし，飽和に達したイオン交換樹脂は必然的に交換能力を失うので，塩酸や水酸化ナトリウムなどの化学薬品を使って再生しなければなりません.

右図③は混床塔内を流れる水が段階的に脱塩されるようすです.

一例として，EC100 μS/cmの水道水を一段目に相当するイオン交換樹脂で脱塩したとすれば，ECは10 μS/cm程度となります. 混床塔内には無限ともいうべき多段のイオン交換樹脂が存在するので処理水は中性で順次，脱塩されて最終的にはEC 0.05 μS/cm程度の高純度水になります. このように，イオン交換樹脂を混合して脱イオンに用いると単床塔に比べて高純度の水が得られます.

○ 純水は全蒸発残留物が数 mg/L 以下の水.
○ RO膜法は水道水から純水をつくることができる.
○ 混床式イオン交換樹脂法は電気伝導率 1 μS/cm 以下の純水をつくれます.

① RO膜による脱塩の概略図

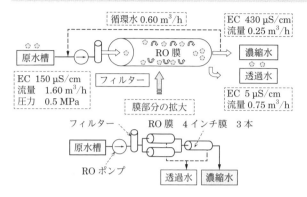

RO膜運転では濃縮水の一部をROポンプの吸い込み口に戻してRO膜面の流速を早くします.

② 2床2塔式イオン交換の概略図

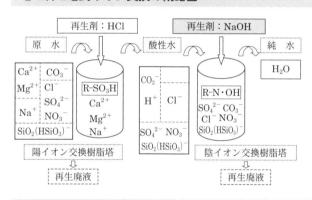

pH 7の水道水を左図のH型陽イオン交換樹脂で処理すると酸性に変わります. 陰イオン交換樹脂塔を出た水は純水となりますが, pH 8.2 程度です.

③ 混床式イオン交換による水質変化

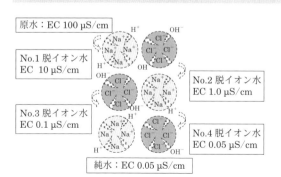

純水は半導体, 電子部品, 光学レンズ, 精密機械部品などの洗浄, 飲料水や食品の製造など, 多くの分野で使われています.

用語解説 **飽和**：溶質(NaCl など)が溶解度の限界まで溶けている状態. イオン交換樹脂に交換容量の限界までイオンが吸着している状態を飽和樹脂という.

46 超純水–半導体製造に不可欠な水

理論的な純水に限りなく近い高純度の水

超純水製造では微粒子の管理が重要項目となる.

半導体製造などに使用

超純水とは純水からさらに微粒子, 微生物, TOC, シリカ, 酸素, 金属イオンなどの不純物を極限まで除いた水で, 理論的な水に限りなく近い高純度の水です.

純水・超純水に関する公的な水質規格はありませんが概念的には抵抗率が18 MΩ·cm (電気伝導率0.056 μS/cm) 程度のものです.

右表①は半導体工業用超純水の要求水質例です. LSI製造プロセスにおけるウェハー加工, マスク作製, 成膜, 写真製版, エッチングなどの工程ではウェハー表面に残る薬品や微粒子を除去するため多量の超純水で洗浄します.

右図②は超純水製造の基本フローシート例です. ここでは原水槽→RO膜装置→二次純水タンク→UV殺菌灯→イオン交換→UF膜装置→ユースポイントの流れで超純水を循環します. 脱塩にイオン交換樹脂の使用は避けられませんが, 陰イオン交換樹脂は化学的に不安定で処理水中に樹脂由来の分解成分 (TOC), 微粒子成分が分離して混入することがあります. 純度の高くない「純水」を扱う場合は, TOC, 微粒子成分は障害となりませんが「超純水」製造の場合は重要な管理項目となります.

右図③は超純水製造装置で水を処理したときの微粒子数の変化例です.

図をみると処理水が混床塔イオン交換装置を出て純水タンクに貯留されたとたんに微粒子数が急速に増加します. これは, イオン交換樹脂処理とタンク貯留の工程で多くの微粒子が発生していることを示しています. しかし, いったん発生した微粒子はRO膜で除去されています. 純水製造ではUF膜, RO膜, イオン交換樹脂が重要な材料です.

- 超純水に関する公的な水質規格はない.
- 半導体生産には大量の超純水が必要.
- イオン交換樹脂からは有機物が微量溶出する.

① 半導体用超純水の要求水質例

集積度〔Mb〕		4～16	16～64	64～256	256～1 Gb
抵抗率〔MΩ·cm〕		＞18	＞18.1	＞18.2	＞18.2
微粒子〔個/mL〕	0.1 μm	＜5			
	0.05 μm	＜10	＜5	＜1	
	0.03 μm			＜10	＜5
	0.02 μm				＜10
生菌〔個/mL〕		＜10	＜1	＜0.1	＜0.1
TOC〔ppb〕		＜10	＜2	＜1	＜0.5
SiO₂〔ppb〕		＜1	＜1	＜0.5	＜0.1
DO〔ppb〕		＜50	＜10	＜5	＜1
金属イオン〔ng/L〕		＜100	＜10	＜5	＜1

超純水に関する公的な水質基準はありません．
電気抵抗，微粒子数，生菌数，TOC，DO（溶存酸素）などが管理項目になります．

② 超純水製造フローシート例

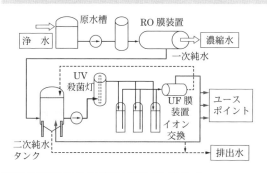

超純水は，配管やタンクで水たまりをつくらないように，常に循環ろ過して殺菌を継続するのがポイントです．

③ 超純水製造機器内の微粒子の変化例

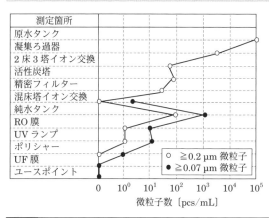

純水はタンクに貯めるだけでも微粒子数が増えます．これを除くにはRO膜ろ過，UF膜ろ過，UV殺菌で処理します．

用語解説 **TOC（全有機炭素）**：水中の酸化される有機物の全量を炭素量で示したもの．
ウェハー：シリコンなどの円柱状半導体素材を薄くスライスした円板状の板．

47 カルシウムの除去

凝集沈殿法とイオン交換法で除去

高濃度のカルシウムは，炭酸ナトリウムで分離できる．

☀ 炭酸カルシウムの溶解度は低い

　工業用水の中には塩化カルシウム，硫酸カルシウムなどのカルシウム塩が存在しています．**右図①**はカルシウム塩の溶解度例です．カルシウム塩類は塩化カルシウムの溶解度74.5 g/Lから炭酸カルシウムの14 mg/Lに至るまで，幅広い範囲で水に溶け込んでいます．

　右表②はカルシウムの分離方法をまとめたものです．カルシウムを除去するには(1)アルカリ側で空気を吹き込む方法(2)炭酸ナトリウムを加える分離方法(3)石灰を加える軟化法(4)イオン交換樹脂法などがあります．これらのうち(1)(2)(3)の方法はいずれもカルシウムイオンに炭酸イオンを作用させて溶解度の低い炭酸カルシウムとして析出させようというもので，高濃度のカルシウム含有水からカルシウムを分離する手段として使えます．

　右図③はカルシウム濃度160 mg/L，pH 11.3の地下水に空気を吹き込んでカルシウム濃度を測定した実験例です．その結果，4時間の処理でカルシウム濃度は6 mg/L（pH 10.8）に減りました．**右図②**の(4)に示すイオン交換樹脂法は，カルシウム濃度が低い水処理に適用するとカルシウム分離効果が高くなります．

　一例として，水道水に含まれる20 mg/L程度のカルシウムイオンは，H型またはNa型陽イオン交換樹脂塔に通水すると樹脂に吸着するので脱塩または軟化処理ができます．

　小型ボイラの「軟水器」にはNa型陽イオン交換樹脂塔が充填されており，再生は食塩（NaCl）水で行います．イオン交換樹脂は繰り返し何回でも再使用できます．

○ カルシウムを含むアルカリ性の水に空気を送るとカルシウムが析出する．
○ カルシウムを含んだ水に炭酸ナトリウムを加えるとカルシウムが分離できる．
○ 低濃度のカルシウム除去はイオン交換樹脂法が適切．

① カルシウム塩類の溶解度

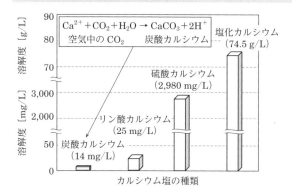

$$Ca^{2+}+CO_2+H_2O \rightarrow CaCO_3+2H^+$$
空気中の CO_2　　炭酸カルシウム

塩化カルシウム（74.5 g/L）

硫酸カルシウム（2,980 mg/L）

リン酸カルシウム（25 mg/L）

炭酸カルシウム（14 mg/L）

工業用水にカルシウムが溶けていると配管やクーリングタワーの充填材に硬質のスケールとなって析出します. このスケールの主成分はカルシウムとシリカが混ざったものです.

② カルシウムの分離方法

(1) 空気送入法（空気中の CO_2 によるカルシウム分離）
$$CaCl_2+CO_2+H_2O \rightarrow Ca(CO_3)\downarrow+2HCl$$

(2) 炭酸ナトリウムによる分離法
$$CaCl_2+Na_2CO_3 \rightarrow Ca(CO_3)\downarrow+2NaCl$$

(3) 石灰軟化法
$$Ca(HCO_3)_2+Ca(OH)_2 \rightarrow 2Ca(CO_3)\downarrow+2H_2O$$

(4) イオン交換樹脂による軟水化
$$2R\text{-}SO_3Na+Ca^{2+} \rightarrow (R\text{-}SO_3)_2Ca+2Na^+$$

透明な石灰水に空気を吹き込むと白濁したことを実験で行った経験がありますが, 左の(1)の反応が水中で起こった結果です.

③ 空気によるカルシウム除去実験結果例

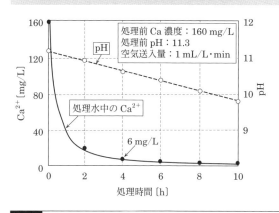

処理前 Ca 濃度：160 mg/L
処理前 pH：11.3
空気送入量：1 mL/L・min

pH

処理水中の Ca^{2+}

6 mg/L

実験条件
処理前の Ca^{2+} 濃度
160 mg/L
処理前の pH 11.3
空気送入量
1 mL / L・min.

用語解説 　**炭酸カルシウム**：中性の水にほとんど溶けない（溶解度 14 mg/L）.
冷却水配管, クーリングタワー, ボイラ水管にスケールとして析出しやすい.

48 シリカの除去

凝集沈殿法とイオン交換法で除去できる

シリカには，イオン状とコロイド状のものがある．

❖ 水の pH で形態を変えている

シリカは表流水や地下水にSiO_2として10〜30 mg/L程度含まれています．

シリカは水質分析（JIS-K0101）では便宜上SiO_2として表しますが，中性領域では$[Si(OH)_4(H_2O)_2]$，pH 8.5以上では主に$[Si(OH)_5(H_2O)^-]$，pH 11以上では$[Si(OH)_6^{2-}]$の形で存在しています．シリカは海水中にはほとんど含まれません．これはシリカが水中プランクトンに取り込まれてしまうからです．

右図①はシリカの溶解度とpHの関係です．シリカの溶解度はpH値によって図のように変化します．上水道処理で扱う水のpHは6〜8の場合が多いのでシリカの大半は$[Si(OH)_4(H_2O)_2]$の形で存在していると思われます．シリカにはこれ以外に水に不溶のコロイド状シリカがあります．

右図②は洗浄排水（pH 6.2，SiO_2 90 mg/L）に硫酸アルミニウムをAl^{3+}として25〜100 mg/L加え，水酸化ナトリウムでpH 8に調整してシリカの溶解度を測定したものです．図の結果より，シリカと同じ量（90 mg/L）のAl^{3+}を加えてpH 8に調整すれば，シリカは10 mg/L以下となります．

右図③はイオン交換樹脂によるシリカの除去結果例です．

上段のように，原水（pH 6.9，SiO_2 25 mg/L，電気伝導率150 μS/cm）を混床塔にSV10で通水するとSiO_2 0.05 mg/L以下の処理水となります．

下段のように陽イオン塔→陰イオン塔の順にSV10で通水するとSiO_2 0.05〜0.1 mg/Lの処理水となります．いずれの場合もシリカは陰イオン交換樹脂に吸着されます．

- コロイド状シリカはマイナスに帯電している．
- シリカは水酸化アルミニウムに吸着する．
- シリカは陰イオン交換樹脂に吸着する．

① シリカの溶解度とpHの関係

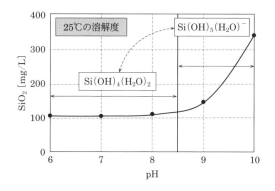

シリカは水道水中に10 mg/L程度含まれています．冷却水が濃縮されて100 mg/Lになると飽和に達し，析出してきます．

② 硫酸アルミニウムによるシリカの除去

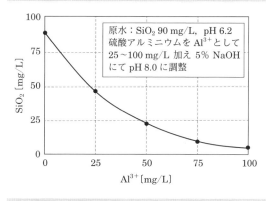

原水：SiO_2 90 mg/L，pH 6.2
硫酸アルミニウムをAl^{3+}として25〜100 mg/L 加え 5% NaOHにて pH 8.0 に調整

シリカは水酸化アルミニウム[Al(OH)₃]のアコ錯体表面に付着して不溶化します．
アコ錯体：水分子が金属分子に多く配位した錯体のこと．

③ イオン交換樹脂によるシリカの除去

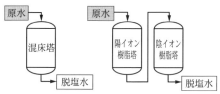

	pH	EC [μS/cm]	SiO_2 [mg/L]
原　水	6.9	150	25
混床塔出口	6.7	0.3	0.05 以下
陽+陰イオン塔出口	8.3	10	0.05 〜 0.1

工業用水にシリカが残っているとボイラ内面や冷却配管内に硬質スケールが付着したり，電子部品の洗浄後の"しみ"や"曇り"の原因となるので除去することが大切です．

陽イオン交換塔と陰イオン交換塔で処理した水は混床塔の処理水に比べてpHが8.3とやや高くなります．これは陽イオン塔から微量のナトリウム(Na^+)がリークした結果です．

用語解説 **コロイド状シリカ**：顕微鏡では見えない小さな粒（1 nm 〜 1 μm）状のシリカ．
ナトリウムリーク：H型陽イオン交換樹脂から Na^+ イオンが微量漏出する現象．

49 電力の安定供給に貢献－ボイラ水

ボイラ水をつくるにはイオン交換樹脂が必要

高圧ボイラには純水が，低圧ボイラには軟水が必要．

☾ 貫流ボイラの水質基準は厳しい

ボイラは①丸ボイラと②水管ボイラに大別されます．ボイラ用水には軟水や純水が用いられますが，これにはイオン交換樹脂が役立っています．

右図①は丸ボイラ（炉筒煙管ボイラ）の断面です．

炉筒煙管ボイラは径の大きい炉筒1本と複数の煙管群の組み合わせからできています．構造上，自ら保有している水量が多いので負荷変動に強いという長所があります．

その反面，立ち上がりが遅く，万一破損事故が起きれば被害が大きくなります．

右図②は水管ボイラの概略図です．

水管ボイラには（1）自然循環ボイラと（2）貫流ボイラがあります．自然循環ボイラはドラムと多数の水管で構成されています．貫流ボイラは長い管路で構成され，給水ポンプによって管系の一端から圧入された水が予熱部→蒸発部→過熱部を順次通過して，他端から高圧蒸気になって排出されます．ボイラの給水とボイラ水の水質基準はJIS B 8223に規定されています．**右表③**は丸ボイラ，自然循環ボイラおよび貫流ボイラにおける給水とボイラ水の水質基準値例です．丸ボイラに比べ自然循環ボイラの給水水質は高純度のものが要求されます．ここで，「給水水質」とはボイラに入る前の水質のことです．「ボイラ水」とは水処理剤を加えた後のボイラ内を流動する水のことです．貫流ボイラだけに別枠の水質が定められているのは，貫流ボイラは給水した水が全部蒸発して蒸気になるので，それだけ水質基準が厳しいからです．また，貫流ボイラに限ってボイラ水の基準がないのは，貫流ボイラには内部を循環する水がないからです．

原子力および火力発電用大型ボイラが発達した背景にはイオン交換樹脂による脱塩技術が大きく貢献しました．

○ 電力の安定供給の背景に厳密なボイラの水管理がある．
○ 火力・原子力発電ではボイラの水管理が重要．
○ ボイラに純水を送っても長年の間には水管にスケールが付着する．

① 丸ボイラ（炉筒煙管ボイラ）の断面例

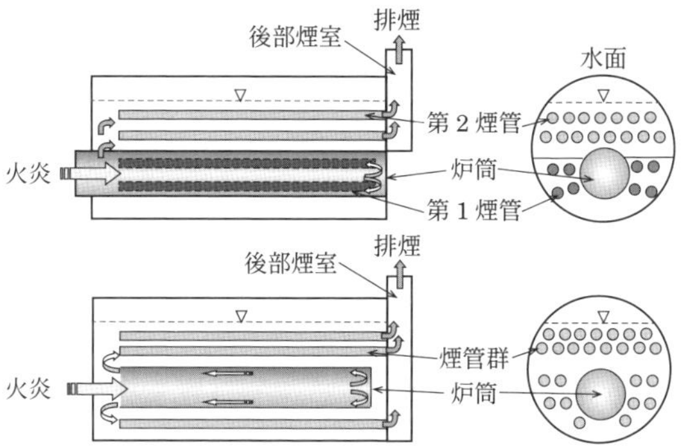

ボイラは発電機のタービン用蒸気源，暖房，給湯，食品加工，化学工場の熱源など，多くの分野で使われています．

② 水管ボイラの水の流れ

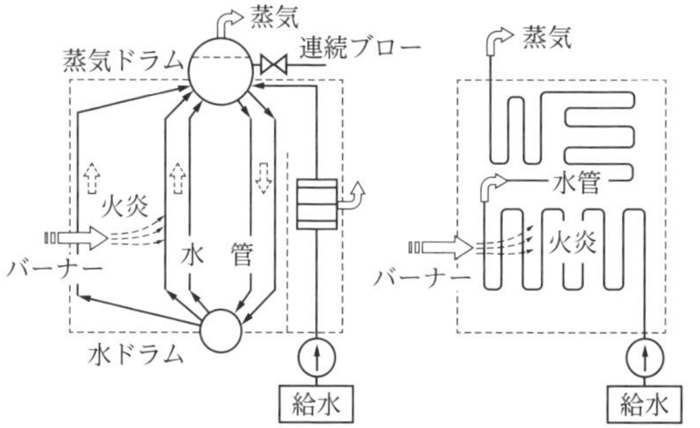

（1）自然循環ボイラ　（2）貫流ボイラ

（1）自然循環ボイラには連続ブロー配管があります．
（2）貫流ボイラには連続ブロー配管がありません．供給水は全部蒸発するので水質基準はそれだけ厳しくなります．

③ ボイラ水および給水の水質基準例（JIS B 8223より抜粋）

ボイラの区分	丸ボイラ	自然循環ボイラ	貫流ボイラ
規　模	蒸発量 ＞6 MPa/m^2・h	最高使用圧力 15～20 MPa	最高使用圧力 20 MPa 以上
給水/ボイラ水	給水 / ボイラ水	給水 / ボイラ水	給水 / ボイラ水
pH	7～9/11～11.8	8.5～9.5/8.5～9.5	9.0～9.5 / —
電気伝導率〔μS/cm〕	— / ＜ 4,000	＜ 0.3 / —	＜ 0.25 / —
全蒸発残留物〔mg/L〕	— / ＜ 2,500	＜ 2 / ＜ 2	— / —
SiO_2〔mg/L〕	— / —	＜ 0.3 / ＜ 0.2	＜ 0.02 / —

ボイラの水質基準は
（1）丸ボイラ，（2）自然循環ボイラ，（3）貫流ボイラに区分されています．

用語解説　**炉筒煙管ボイラ**：径の大きい炉筒と複数の煙管群で構成されているボイラ．中小規模の工場や熱供給センターのボイラとして古くから使われている．

50 冷却水-産業界では最も多く使われる

冷却水は循環して使うのが省エネでお得

冷却水は,防食剤を使えば長時間にわたって同じ水を循環使用することができる.

☾ 冷却水の管理はスケール対策が重要

　水は**右表**①に示すように比熱が大きく循環使用できるので冷却水に適した流体です.冷却水は一過性で使うこともありますが,省資源,省エネルギーの観点から循環使用します.冷却水は循環しているうちに蒸発や濃縮により硬度成分や不純物が析出し,金属材料腐食などの障害を派生するので適切な管理が必要です.

　右図②は工場やビルの開放系冷却設備(クーリングタワー)の略図です.

　クーリングタワーは温度が上昇した水を蒸発させて**気化熱**を奪い,水温を下げて再び冷却水として循環利用します.冷却水は循環しているうちに水が蒸発してカルシウムや硬度成分が濃縮されます.そして,飽和に達した成分から順に系統内の配管,熱交換器などにスケールとして析出します.スケールが付着した配管や熱交換器は効率が低下するので不経済であるばかりか,腐食により配管の漏水や破裂事故の原因ともなります.これらの障害を防止する目的で循環水に防食剤を加えます.

　右表③に**防食剤**の種類と特徴を示します.

　防食剤には(1)酸化皮膜(2)沈殿型皮膜(3)吸着皮膜を形成するものがあります.以前はクロム酸塩が使われたことがありましたが,現在は環境保全の見地から使われていません.

　防食剤の組成や成分比率については調剤メーカーのノウハウ部分があるので詳細は不明です.防食剤は水にいくらでも加えればよいというもではなく適度な濃度管理が必要です.最近は冷却水中の防食剤濃度を電気伝導率で検知し,自動的にブローして濃度管理を行っています.

- 水は比熱が大きいので温まりにくく,冷めにくい.
- 冷却水は一過式より循環利用するのがお得.
- 防食剤は水の循環利用に貢献.

① いくつかの物質と比熱

物　質	比　熱
水	1
食用油	0.5
ガラス	0.1 ～ 0.2
エタノール	0.6
銅	0.09
アルミニウム	0.2
金	0.03

比熱
圧力または体積一定の条件で，単位量の物質を単位温度上げるのに必要な熱量のこと。
水は温めるのにエネルギーが多く必要だが冷めにくい。

② 開放循環冷却器の水の流れ

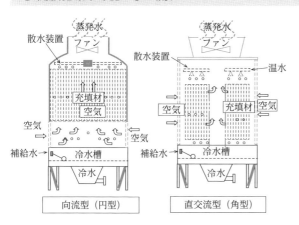

蒸発水
散水装置
ファン
充填材
空気
空気
空気
補給水
冷水槽
冷水
向流型（円型）

蒸発水
散水装置
ファン
温水
空気
充填材
空気
補給水
冷水槽
冷水
直交流型（角型）

温まった水を蒸発させて冷やす**クーリングタワー**は，ビルや工場の空調，プロセス流体の温度調整などに不可欠な設備です。

③ 防食剤の種類と特徴

	酸化皮膜	沈殿型皮膜	吸着皮膜
種類	(1) 亜硝酸塩 (2) モリブデン酸塩 (3) クロム酸塩	(1) ホスホン酸塩 (2) 重合リン酸塩 (3) 正リン酸塩 (4) 亜鉛塩 (5) トリアゾール系化合物	(1) アミン類 (2) 界面活性剤
特徴	表面に 3 ～ 20nm の酸化皮膜を形成。	カルシウムイオンなどと結合して金属表面に不溶性皮膜を形成。	金属表面に吸着し防食皮膜を形成。

冷却塔の配管と充填材にスケールが付着すると冷却能力が低下するので日常の水質管理と定期的な洗浄が大切です。

用語解説
気化熱：一定量の液体が気体に変化するときに必要な熱量。
防食剤：金属の錆や腐食を制御する性質のある薬剤の総称。

コラム❹ 🌀 コーヒーは血栓予防に効く 🌀

　東海大学医学部の後藤信哉教授らの研究グループが2010年8月，マウスを用いた実験でコーヒーを飲むことで血のかたまりが血管に詰まり（血栓）にくくなることを示しました．その効果は明らかで，心筋梗塞の再発を防止するアスピリンという薬よりも，コーヒーの効き目のほうが断然強かったそうです．以前は，コーヒーは**心筋梗塞**に悪い影響を与えると言われていましたが，これはコーヒーと一緒にタバコを吸う人が多かったためで，タバコと分けて研究した結果は「コーヒーを飲んでいる人のほうが心筋梗塞になりにくい」と結論付けています．なお，後藤教授らの研究結果では，血栓予防に有効なコーヒー成分を特定するに至っていません．

　他の研究ではコーヒーに含まれるナイアシン（ニコチン酸）いう成分が血栓予防に効果があるとされています．

　※ニコチンという名前が入っていますが，タバコのニコチンとは無関係です．

　カリフォルニア大学医学部のMeyers CDらの研究により，2004年12月このニコチン酸を多めに摂ることで，血液がサラサラになり，血管の弾力が増すと結論付けています．もちろん，この成分だけが影響しているとは言い切れませんが，もしニコチン酸をコーヒーから積極的に摂りたいなら下図のグラフから深煎りコーヒー豆から抽出したコーヒーのほうが効果があります．

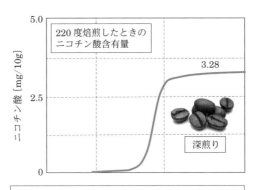

深煎りコーヒー豆とニコチン酸アミド含有量の関係例

5章

排水の物理化学的処理

　産業排水には重金属，シアン，クロム，ふっ素，ほう素，難分解性 COD 物質などが含まれています．

　これらの物質は適切に処理しなければ環境や生命に大きな被害をもたらします．

　排水処理の計画で最初に行うことは，発生工程をよく調べることです．次に，排水の量と成分を調べ，水質に応じて分別回収します．

　濃度が高くて水量が少なければ，個別に処理すると経済的です．濃度が低くて水量が多い場合はできるだけ単純で経費のかからない方法を適用します．

　これらの手段を検討するには信頼できる水処理エンジニアリング会社に相談するとよいです．ここでは実務に役立つ排水処理の方法について解説します．

51 pH調整による重金属の分離

金属イオンの種類によってpH調整の値が異なる

金属イオンの凝集処理はイオン濃度100〜1,000 mg/Lが効果的.

金属水酸化物は水に溶けにくい

排水中の重金属(銅,ニッケル,亜鉛など)イオンは一般に酸性の場合が多いので水酸化ナトリウム(NaOH),水酸化カルシウム[(Ca(OH)$_2$)],塩化マグネシウム(MgCl$_2$)などを加えてアルカリ側に調整すると水酸化物として析出するので分離できます.

右図①は金属イオンの溶解度とpHの関係です.図のようにいずれの金属イオンもpHを高くすると濃度が低下します.

右表②は金属水酸化物の溶解度積です.水に溶けにくい水酸化物の溶解度は,陰・陽両イオンのモル濃度の積を用いて表すことができます.これを溶解度積(K$_{SP}$)といい,数値が小さいほど水に溶けにくいことを意味します.一例として,水酸化第一鉄[Fe(OH)$_2$]と水酸化第二鉄[Fe(OH)$_3$]を比較すると[$8.0×10^{-16}$]と[$7.1×10^{-40}$]で水酸化第二鉄のほうがはるかに水に溶けにくいことがわかります.

右図②はカルシウム塩類の溶解度比較です.排水処理では水酸化カルシウムや塩化カルシウムなどのカルシウム塩を使用するケースが多いのですが時間が経過すると空気中の二酸化炭素(CO$_2$)と反応して反応槽や攪拌機に溶解度の低い炭酸カルシウムのスケール(CaCO$_3$)が析出するという不都合を生じます.そこで,水酸化カルシウムの代わりに塩化マグネシウムを使うと炭酸カルシウムよりも溶解度が7.2倍も大きい炭酸マグネシウムとなるのでスケール析出を防止できます.

右表③はニッケル(Ni 100 mg/L)および銅(Cu 100 mg/L)を溶解した試料水に(1)塩化マグネシウム(Mg 200 mg/L),(2)塩化カルシウム(Ca 200 mg/L)および(1)と(2)をそれぞれ半分混合して処理した結果です.水酸化ナトリウム単独で凝集処理した結果も示します.いずれの試料も(1)+(2)の混合剤の処理が良好な結果を示しています.

- 亜鉛,クロム,アルミなどはpHが高いと再溶解する.
- 溶解度積の数値が小さいほど水に溶けにくい.
- 塩化カルシウムと塩化マグネシウムを混合すると凝集効果がよくなる.

① 金属イオンの溶解度とpHの関係

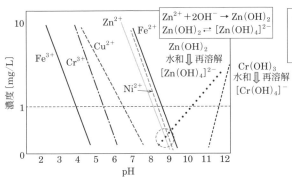

$$Zn^{2+} + 2OH^- \rightarrow Zn(OH)_2$$
$$Zn(OH)_2 \rightleftarrows [Zn(OH)_4]^{2-}$$

$Zn(OH)_2$
水和⇕再溶解
$[Zn(OH)_4]^{2-}$

$Cr(OH)_3$
水和⇕再溶解
$[Cr(OH)_4]^-$

左の図に示す亜鉛 (Zn^{2+}) やクロム (Cr^{3+}) はpHを上げると再び溶解するので注意が必要です.

② 金属水酸化物の溶解度積とカルシウム塩の溶解度

水酸化物	K_{SP}	水酸化物	K_{SP}
$Al(OH)_3$	1.1×10^{-33}	$Fe(OH)_3$	7.1×10^{-40}
$Ca(OH)_2$	5.5×10^{-6}	$Mg(OH)_2$	1.8×10^{-11}
$Cd(OH)_2$	3.9×10^{-14}	$Mn(OH)_2$	1.9×10^{-13}
$Co(OH)_2$	2.0×10^{-16}	$Ni(OH)_2$	6.5×10^{-18}
$Cr(OH)_3$	6.0×10^{-31}	$Pb(OH)_2$	1.4×10^{-20}
$Cu(OH)_2$	6.0×10^{-20}	$Sn(OH)_2$	8.0×10^{-29}
$Fe(OH)_2$	8.0×10^{-16}	$Zn(OH)_2$	1.2×10^{-17}

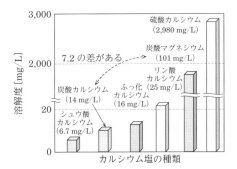

③ Ni, Cu含有水にCa, Mgを加えpH 10.5～11.0で処理した結果例

Ni 100 mg/L に Ca^{2+}, Mg^{2+}, Na^+を加えた凝集結果

Mg のみ添加	Ca のみ添加	Ca + Mg 添加	NaOH のみ
Mg 200 mg/L	Ca 200 mg/L	Ca 100 mg/L Mg 100 mg/L	NaOH のみ
pH 11.0	pH 11.0	pH 11.0	pH 11.0
結果残留 Ni 0.2 mg/L	結果残留 Ni 0.4 mg/L	結果残留 Ni 0.1 mg/L	結果残留 Ni 0.7 mg/L
結果 △	結果 △	結果 ○	結果 ×

Cu 100 mg/L に Ca^{2+}, Mg^{2+}, Na^+を加えた凝集結果

Mg のみ添加	Ca のみ添加	Ca + Mg 添加	NaOH のみ
Mg 200 mg/L	Ca 200 mg/L	Ca 100 mg/L Mg 100 mg/L	NaOH のみ
pH 10.5	pH 10.5	pH 10.5	pH 10.5
結果残留 Cu 0.2 mg/L	結果残留 Cu 0.6 mg/L	結果残留 Cu 0.1 mg/L	結果残留 Cu 0.5 mg/L
結果 △	結果 ×	結果 ○	結果 ×

用語解説 **溶解度積**：飽和溶液中における難溶性塩の陽イオン・陰イオンのモル濃度の積. イオンの沈殿条件を求めるうえで重要な値, 単位は K_{SP}.

52 硫化物法による重金属の分離

金属硫化物は水酸化物よりも水に溶けにくい

硫化物処理は，通常，中性付近で行う．

❧ 金属硫化物の沈殿物は細かい

金属硫化物の溶解度積は水酸化物よりも小さいので，水酸化物法よりも金属イオンを効率よく除去することが期待できます．ただし，硫化物の沈殿物は粒子が細かく，沈降性が悪いので，実際の処理ではポリ塩化アルミニウムやポリ硫酸鉄などの無機凝集剤の併用を勧めます．鉄塩の併用は過剰の硫化物を硫化鉄として消費すると同時に，水酸化鉄の共沈効果により凝集性が改善されます．

右図①は金属硫化物の溶解度とpHの関係です．図に示すように硫化銅（CuS）を除いて，その他の金属は中性からアルカリにかけて硫化物を形成します．

硫化物処理を酸性下で行うと有害な硫化水素ガスが発生するので危険です．

右表②は金属硫化物の溶解度積例です．一例として，水酸化第二銅 $[Cu(OH)_2]$ の溶解度は $[6.0 \times 10^{-20}]$ ですが，表にある硫化銅（CuS）は $[6.0 \times 10^{-36}]$ であり，硫化銅のほうがはるかに水に溶けにくいことがわかります．

右図③は分別法による金属の回収例です．亜鉛とニッケルの混合排水（pH 2.5，Zn^{2+}：300 mg/L，Ni^{2+}：400 mg/L）をpH 5.5付近で処理すると亜鉛の多い沈殿物の回収ができます．次いで，沈殿物をろ過して分離後，ろ液のpHを7.0に上げてもう一度，硫化物処理すると今度はニッケル成分の多い沈殿物が回収できます．

酸性の液に硫化ナトリウムを添加するときは，適正量をゆっくり加えれば硫化水素は発生しません．回収した硫化物はそれぞれに亜鉛とニッケルが混在しており，硫化物生成pH値も接近しているので純度はあまり高くありませんが概略の分別回収ができます．これと同じ手法を使えば，銅，ニッケル，亜鉛の分別回収も可能です．

- 金属硫化物は細かいので凝集助剤が必要．
- 硫化物処理は中性付近で行うのがよい．
- 金属硫化物はpH値によって分別回収できる．

① 金属硫化物の溶解度とpHの関係

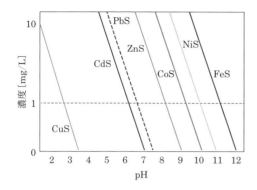

CuS：硫化銅
Cds：硫化カドミウム
PbS：硫化鉛
ZnS：硫化亜鉛
CoS：硫化コバルト
NiS：硫化ニッケル
FeS：硫化鉄

② 金属硫化物の溶解度積

硫化物	K_{SP}	硫化物	K_{SP}
CdS	2×10^{-28}	PbS	1×10^{-25}
CoS	$\alpha : 4 \times 10^{-21}$	NiS	$\alpha - 3 \times 10^{-19}$
	$\beta : 2 \times 10^{-25}$		$\beta - 1 \times 10^{-24}$
CuS	6×10^{-36}	HgS	4×10^{-53}
FeS	6×10^{-18}	Ag$_2$S	6×10^{-50}
ZnS	$\alpha : 2 \times 10^{-24}$	MnS	無定型 3×10^{-10}
	$\beta : 3 \times 10^{-22}$		結晶体 3×10^{-13}

金属硫化物の溶解度積は金属水酸化物に比べて数字の上では小さいが，粒子が細かいのでなかなか沈殿分離できません.

③ 硫化物法による金属の回収例

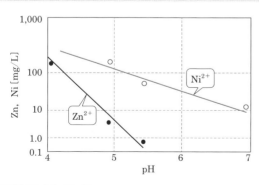

酸性側で硫化ナトリウムを添加するには適正量をゆっくり加えるのがポイントです.

用語解説 **金属硫化物**：金属イオンとイオウイオン（S^{2-}）が結合したもの.
硫化物法で回収した金属（CuS，NiS など）は資源として再利用されている.

53 キレート凝集剤による重金属の分離

キレート凝集剤は強力な重金属捕集剤

キレート凝集剤は，EDTAより強い錯化剤で，ほとんどの金属イオンを不溶化する．

◐ キレート凝集剤の簡単な使用方法

　重金属を含む排水中にEDTA，DPTA（ジエチレントリアミン）などの強力なキレート剤が含まれると，従来法による水酸化物法，硫化物処理法では対応しきれません．ところが，**キレート凝集剤**（ジエチルジチオカルバミン酸塩など）を使うと亜鉛，ニッケル，銅などを含む排水の中から金属イオンを水に不溶の沈殿物として析出させることができます．**右図①**はpHと銅-キレート比率の関係例です．図からEDTAを除くほかの有機キレート剤はpH2以下で銅を銅イオン（Cu^{2+}）として放出します．実際に排水のpHを2以下に下げた後，水酸化カルシウムなどで所定のpHに調整すると金属水酸化物ができやすいというのは**図①**に由来します．ところがキレート力の強いEDTAに限ってはこの手法が通用しません．**右図②**はEDTAとDPTAの金属キレート生成定数の比較例です．DPTAはEDTAに比べて強力なキレート結合を形成することを示しています．**右図③**はキレート凝集剤と金属イオン（M^{2+}）の結合例です．図では2価の金属イオン（Zn^{2+}，Ni^{2+}など）がキレート凝集剤と1：2の比率で結合し，水に不溶の「金属錯体」を形成して沈殿します．**右写真③**の（1）は有機系亜鉛・ニッケル合金めっき排水（pH11.5）に5％硫酸を加えてpH2.0とした後，5％水酸化カルシウム溶液でpH9.5にしたものです．この方法で処理しても白濁するだけで金属イオンが析出しません．

　写真（2）は同じ排水を硫酸でpH6.0とした後，10％キレート凝集剤を亜鉛，ニッケルの濃度に対応して加え，これに適した高分子凝集剤を加えたものです．こうすると亜鉛，ニッケルイオンは金属錯体として沈殿分離するので上澄水にはほとんど含まれません．

● キレート凝集剤は中性で処理できる．
● キレート凝集剤は亜鉛，ニッケルの処理が得意．
● キレート凝集剤は過剰に使用しなくて済む．

① pHとCu-キレート比率の関係例

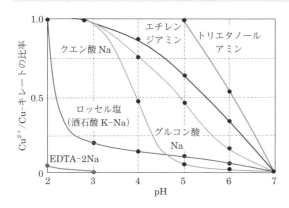

EDTAを除くキレート剤が排水中に共存してもpHをいったん2以下にすれば銅キレートは破壊されます. 次いで, pHを上げれば凝集処理がうまくできます.

② EDTAとDPTAの金属キレート生成定数比較

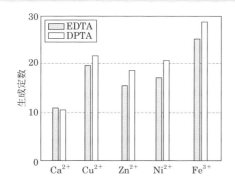

DPTAはEDTAに比べてほとんどの金属イオンに対してキレート生成定数が高いので, 通常の中和凝集処理では処理できません.

③ キレート凝集剤と金属イオン(M^{2+})の結合例

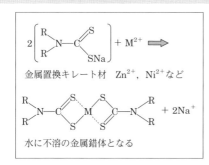

金属置換キレート材 Zn^{2+}, Ni^{2+} など

水に不溶の金属錯体となる

(1) 水酸化カルシウム単独処理
(2) キレート凝集剤処理

用語解説 EDTA：エチレンジアミン4酢酸. カルシウム, 銅, 鉄などと強く結合する.
DPTA：ジアミン2ヒドロキシプロパン4酢酸. EDTAよりも結合力が強い.

54 凝集沈殿−粒子の径が沈降速度に影響

粒子の沈降速度は直径の二乗に比例する

凝集沈殿は，凝集剤の過剰添加を控え，高密度で沈みやすいフロックをつくるのがポイント.

☀ 粒子径が2倍になれば沈降速度は4倍になる

　川の水や産業排水の中には比較的大きな粒子（100 μm）から小さな粒子（10 μm以下）に至るまでいろいろな大きさの不溶解性物質が混在しています．私達が肉眼で大きさを識別できるのはせいぜい10〜20 μm程度でそれ以下になると認識できません．粒子径が10 μmくらいまでなら通常の沈殿や砂ろ過で分離できますが，1 μm以下の微粒子になると重力分離ではもはや分別できません．**右表①**は粒子の自然沈降時間です.

　右図②は粒子が1 mの距離を自然沈降する時間です.

　粒子の沈降速度は粒子径の二乗に比例して速くなるのでそれだけ沈降時間が短くなります．そのため，実際の排水処理では凝集剤を加えて大きく重いフロックをつくり，速く沈降させる工夫をします．これは，実際の排水処理装置設計で沈殿槽の小型化につながるので実用的でしかも経済的な方法です．そこで，凝集処理では凝集剤を加え粒子径を大きくして沈降速度を早めようとします．しかし，実際には思ったとおりに事がうまく運びません．金属水酸化物などのフロックは凝集剤を加えると**右図③**のように隙間水をかかえながら小さなフロックとなります．ところが，過剰の凝集剤を加えると小さなフロックが水分を含んだまま再び寄り集まって粗大化フロックとなります．こうなると「水分の多い」フロックとなり沈みにくくなります.

　したがって，実際の処理では凝集剤の過剰添加は控え，密度が高く沈みやすいフロックをつくるのが技術者のウデの見せ所となります.

- 沈降分離できる粒子の大きさは10 μmが限界.
- 含水率の高いフロックは沈みにくい.
- 凝集剤は便利な薬品だが過剰添加は禁物.

① 粒子の直径と1mの自然沈降時間

粒子の直径〔mm〕	粒子の種類	1m沈降の所要時間
10.0	砂利	1秒
1.0〔1,000 μm〕	粗い砂	10秒
0.1〔100 μm〕	細かい砂	2分
0.01〔10 μm〕	汚泥	2時間
0.001〔1.0 μm〕	細菌	5日
0.0001〔0.1 μm〕	粘度粒子	2年

砂利や砂は水分が少ないので沈降時間が計算どおりに進みます. 汚泥は水分を多く含んでいるので左の表の値どおりには行きません.

② 砂, 汚泥, 細菌の1m沈降時間とストークスの式

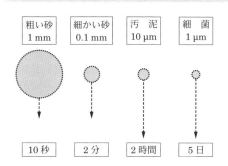

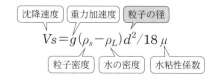

粒子の沈降速度とストークスの式

粒子は径(d)が2倍になると4倍の沈降速度で沈む.

沈降速度　重力加速度　粒子の径

$$V_s = g(\rho_s - \rho_L)d^2/18\,\mu$$

粒子密度　水の密度　水粘性係数

③ 凝集フロックの粗大化

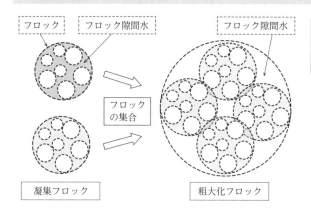

凝集剤はあまり多く加えると水分の多いフロックになるので, 過剰に加えないこと.

用語解説 **フロック**：用排水処理で, 水中の粘土や金属水酸化物に凝集剤を加えてつくる小さな固まりのこと. あまり大きいと「水ぶくれ」になって沈みにくい.

55 傾斜板沈殿槽−粒子の沈降時間を短縮する

傾斜板の傾きは 55 〜 60 度がよい

傾斜板沈殿槽は固液分離時間を短くできるが，分離効果そのものは粒子の特性と前工程の凝集処理の結果に依存する．

傾斜板は沈降時間を短縮する

右図①は水中の粒子が傾斜管内を流れるようすを示したものです．沈殿槽の懸濁粒子は通常，図のⅠの長い距離を経て下端に達します．これに対して，傾斜管を設けると懸濁粒子はⅡの短い距離を経て傾斜板面に達し，あとはⅢの距離を滑り落ちて沈殿槽の下方に向かいます．こうすると沈降時間を1/5くらいに短縮できます．

右写真②は粒子の沈降における傾斜板と自然沈降を比較したものです．

写真左は沈降開始直後にすでに粒子が傾斜板上に到達してすべり始めています．

これに対して，傾斜板のない右側では粒子が1/5くらいしか沈降していません．

写真右の2分後では，傾斜板のある側は沈降が完了していますが，傾斜板のない右側の粒子はまだ沈降途中です．写真の比較から，傾斜板を設けた沈殿槽のほうが短い分離時間であることがわかります．**図①**，**写真②**の沈降距離を目視で比較しても傾斜板のあるほうが沈降時間を1/5くらいに短縮できます．

右②の中央の図は縦型円形沈殿槽に傾斜板を設けた場合の粒子と水の流れを表したものです．**右図③**は小型傾斜板沈殿槽の内部構造例と大型円形沈殿槽に設けた傾斜板の内部写真例です．設計上のポイントを下記に示します．

(1) 汚泥かき寄せ機なしの場合はホッパー角度は60度，ある場合は10度とする．

(2) 凝集した汚泥は太い配管または開口部を経て沈殿槽へ移流する構造とする．

凝集した懸濁粒子は傾斜板上を「砂粒」のように「さらさら」ところがり落ちる性状のものがよく，濃度が濃く「糊状」で付着しやすい場合は分離が困難です．

○ 傾斜板沈殿槽は疎水性の懸濁質 (砂，バレル研磨粒子など) の分離に向いている．
○ 高分子凝集剤を過剰に加えたフロックは傾斜板にくっついて固液分離しにくい．
○ 汚泥かき寄せ装置がある沈殿槽の底部には直径400 mm程度の汚泥だめが必要．

① 粒子が傾斜板上を移動するようす

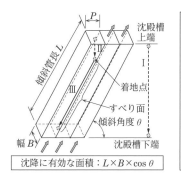

沈降に有効な面積：$L \times B \times \cos\theta$

計算例

傾斜管長 $L = 0.7$ m，傾斜角度 $\theta = 60°$ とし，傾斜管を設置した場合としなかった場合を比較すると，傾斜管ピッチ $P = 60$ mm の場合の沈降倍率は下記となります．

$$\frac{B \times 0.7 \times \cos 60°}{B \times 0.06} = 5.83 \text{ 倍} \cdots\cdots (1)$$

傾斜管ピッチ $P = 100$ mm の場合は

$$\frac{B \times 0.7 \times \cos 60°}{B \times 0.1} = 3.5 \text{ 倍} \cdots\cdots (2)$$

となり，処理能力はそれぞれ 5.83 倍，3.5 倍になります．

② 粒子の沈降における傾斜板と自然沈降の比較

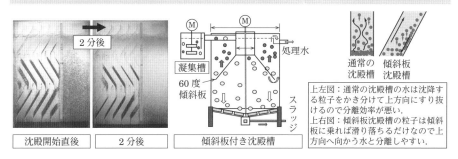

沈殿開始直後　　　2 分後　　　傾斜板付き沈殿槽

通常の沈殿槽　傾斜板沈殿槽

上左図：通常の沈殿槽の水は沈降する粒子をかき分けて上方向にすり抜けるので分離効率が悪い．
上右図：傾斜板沈殿槽の粒子は傾斜板に乗れば滑り落ちるだけなので上方向へ向かう水と分離しやすい．

③ 傾斜板沈殿槽の概略図と傾斜板の実装置

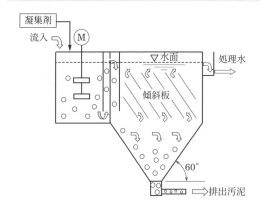

用語解説　**傾斜板**：排水中に傾斜角 60 度で布，SUS 製の板，樹脂製の板などを設けて沈殿物の沈降時間を短縮しようとするもの．板の間をぬうように水を流すとよい．

56 6価クロム排水の処理

6価クロムは3価クロムに還元されやすい

6価クロムは Cr^{6+} と書くので，一見して陽イオンに見えるが，実際には陰イオン（CrO_4^{2-}）である.

水酸化クロム[$Cr(OH)_3$]は凝集沈降しやすい

クロム酸（H_2CrO_4）は酸性溶液中では強力な酸化力を示すので還元性物質が少しでもあれば相手を酸化し，自らは容易に還元されて陽イオンの3価クロム（Cr^{3+}）に変わります. クロム酸の還元には硫酸第一鉄（$FeSO_4$）や亜硫酸水素ナトリウム（$NaHSO_3$）が使われます.

酸性下で Cr^{3+} に還元されたクロムは陽イオンなので他の重金属と同様，アルカリを加えれば水酸化クロム[$Cr(OH)_3$]として分離できます.

右図①はクロム酸排水の処理フローシート例です.

クロム還元の条件は，pH：2～3，ORP：+250～+300 mV，反応時間：30～60分です. 還元反応は容易に進むので，続いて $NaOH$ にて pH 8.5～9.5 に調整すれば緑青色の $Cr(OH)_3$ が析出します. このとき，あまり pH を高くするとクロムが再溶解するので注意が必要です. pH 調整後の液は高分子凝集剤を添加して凝集処理し，沈殿槽に移流させて固液分離します. 6価クロムは**右図②**のように酸性下では H_2CrO_4，アルカリ性下では Na_2CrO_4 のように2価の陰イオン（CrO_4^{2-}）で，pH 3 付近に限って1価の陰イオン（$HCrO_4^-$）として溶解しています.

陰イオンのクロム酸は陰イオン交換樹脂で吸着処理できます. **右図③**はクロム酸排水を pH 3 と pH 7 に調整して Cl 型陰イオン交換樹脂で吸着処理した結果例です. pH を3に調整後，1価の陰イオンの状態でイオン交換処理すると，pH 7 のときよりも同じ樹脂量で約2倍のクロム酸排水を処理できるので工業的に有利です.

- 3価の水酸化クロム[$Cr(OH)_3$]は容易に析出する.
- pH 3 のときに限りクロムは1価の陰イオンとなる.
- 1価クロムは2価クロムよりもイオン交換容量が多い.

① クロム酸排水の処理フローシート

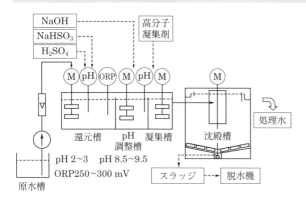

6価クロムの還元には多くの場合，スラッジが増加しない亜硫酸水素ナトリウムが使われます.

② クロム酸の解離とpH

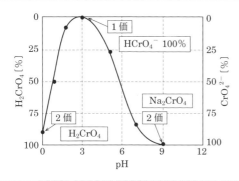

排水中のクロム酸イオンには1価と2価がありますが，pH 3のときには1価（$HCrO_4^-$）となります.

③ クロム酸溶液のpHと陰イオン交換樹脂漏出曲線

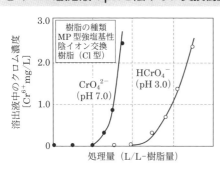

Cl型陰イオン交換樹脂でpH 3のクロム排水を吸着処理するとpH 7のときに比べて約2倍量の水を処理できます.

用語解説 **3価クロム**：有害な6価クロムは還元すれば3価クロムとなり，アルカリ性にpH調整すれば $Cr(OH)_3$ として不溶化できる.

57 シアン排水の処理

有害なシアンでも管理しだいで処理可能

シアンは金属イオンと錯体をつくりやすいという特性があり，アルカリ塩素法で分解できる．

☙ シアン排水は初めの分別が重要

めっきや表面処理工程から排出される排水は化学的特性にあわせて①シアン系②クロム系③酸・アルカリ系の三つに分別して処理します．

右図①はシアン系排水のアルカリ塩素法による処理フローシート例です．実際のシアン排水の中には銅，亜鉛，ニッケル，鉄イオンなどが混在しています．この場合，1段反応と2段反応の後段に図のような還元工程を付加すると**鉄シアン錯塩**の処理にも対応できます．1段反応は pH 10 以上，ORP 300 mV 以上で行います．2段反応は pH 7.5〜8.5，ORP 650 mV 以上で処理します．シアンと重金属を含む排水のシアンを分解すれば単なる重金属排水と同じなので中和凝集処理できます．

右図②は化学的に安定なフェロシアン処理における金属イオンと pH の関係例です．鉄シアン錯塩をシアンとして 20 mg/L 含む溶液に金属イオンをそれぞれ 200 mg/L 添加し，pH を 8〜12 に調整した結果，銅（Cu^{2+}）と亜鉛（Zn^{2+}）は pH 8〜9，ニッケル（Ni^{2+}）は pH 8〜10 の範囲で残留シアン濃度 0.1 mg/L まで処理できました．

図の結果より，アルカリ塩素処理の後，過剰の NaOCl を還元してフェリシアンを還元状態のフェロシアンにすればシアン錯塩の除去が可能です．

シアンはオゾンでも酸化分解できます．

右図③はオゾン分解時の pH の影響です．

反応効率は pH 9.5〜10.5 の間が高くなります．

オゾンは酸性〜中性にかけて安定していますが，アルカリ領域では分解しやすくなります．シアン（CN^-）1 kg をシアン酸（CNO^-）まで酸化するのに必要な計算上のオゾン量は 1.8 kg，HCO_3^- と N_2 にまで完全に分解するには約 4.6 kg 必要です．

- シアンは有害でも金属イオンの優れた錯化剤．
- シアンはアルカリ塩素法で分解できる．
- シアンはオゾンでも酸化分解できる．

① シアン排水の処理フローシート

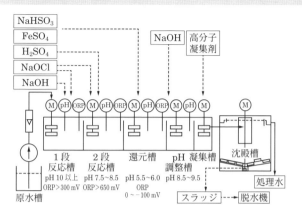

シアン成分は鉄イオンと結合すると処理が難しくなるので，鉄分と接触させないことが大切です．

② フェロシアン処理での金属イオンとpHの関係

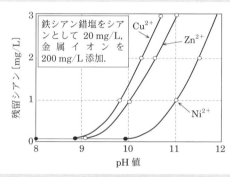

鉄シアン錯塩をシアンとして 20 mg/L，金属イオンを 200 mg/L 添加．

フェリシアンを還元してフェロシアンにすると鉄シアン錯体の処理ができます．
pH は 9〜10 に調整するのがポイントです．
出典：樽本敬三ほか，静岡県機械技術指導所研究報告10号, pp.21-28 (1975)

③ オゾンによるシアン分解時のpHの影響

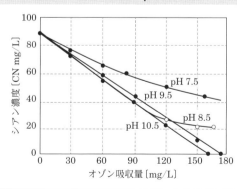

シアンのオゾン酸化は pH 10以上のアルカリ側で行えば処理できますが，過剰のオゾンが必要です．

用語解説 錯体：金属イオンに配位子（金属に配位する化合物）とよばれる分子やイオンが結合したものをさす．錯塩ともいう．

58 ふっ素含有排水の処理

カルシウムとアルミニウムで処理するのが基本

ふっ素排水の処理は，沈殿させたふっ化カルシウム（CaF_2）が元のふっ素イオン（F^-）に戻らないように空気に長時間接触させないのがポイント.

2段処理がおすすめ

排水中のふっ素は水酸化カルシウムなどを用いて処理すればふっ化カルシウム（CaF_2の溶解度16 mg/L，F^-として7.8 mg/L）として分離できるとされています.

ところが実際のふっ素排水中には**右図①**のようにふっ素以外にカルシウムと反応する硫酸イオン，リン酸イオン，炭酸イオン（図中の数字は分子量）なども含まれており，これらもカルシウム分を消費します. そのため実際のふっ素含有排水を水酸化カルシウムで処理しても目標のふっ素8 mg/Lを達成できるときとできないときがあります.

右図②はふっ化カルシウムの空気吹き込みによるふっ素再溶解例です.

図では，ふっ素含有溶液（**F** = 20 mg/L）にpH 7.5以上で塩化カルシウム（**Ca** = 300 mg/L）を加え一昼夜，空気または窒素と接触させました. その結果，空気を吹き込んだ場合はpH 9以上でふっ素20 mg/Lとなり元の濃度に戻ってしまいました. これに対して，窒素を吹き込んだ場合はpH 10以上になってもふっ素8 mg/L程度にとどまっています. これは空気中の二酸化炭素により，ふっ化カルシウム中のふっ素が遊離したものの空気を遮断すればその傾向が低下することを示唆しています.

ふっ素含有排水の処理は**右図③**のフローシートのように2段処理が適しています. 1段処理でふっ素濃度を15 mg/L程度にして，2段処理で硫酸アルミニウムと水酸化カルシウムで処理すれば8 mg/Lまで処理できます. 上記の理由から，長時間の撹拌や沈殿槽での長時間滞留を避け，すばやく固液分離してしまうのがポイントです.

- 高濃度の**ふっ素**は1段処理で8 mg/L達成は困難.
- 低濃度の**ふっ素**は2段処理すれば8 mg/L達成可能.
- 空気中の二酸化炭素は**ふっ化カルシウム**を溶解する.

① 排水中でカルシウムと反応する物質

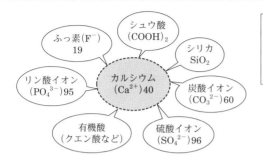

ふっ素は水酸化カルシウムを用いて処理しますが実際の排水の中にはふっ素以外にもカルシウムと作用する成分がたくさん混在します.

② 空気接触によるふっ化カルシウムの再溶解

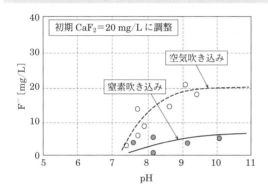

ふっ素濃度 20 mg/L の溶液を塩酸化カルシウムで処理して，ふっ化カルシウムとした後 pH 9.5 で一昼夜空気を吹き込んだら元のふっ素濃度（20 mg/L）に戻ってしまいました.

出典：袋布昌幹ほか，水環境学会誌，Vol.26, No.1, pp.33-38（2003）

③ ふっ素排水処理フローシート例

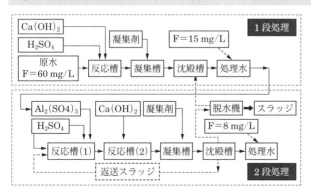

ふっ素 60 mg/L の排水は $Ca(OH)_2$ で 1 段処理してふっ素 15 mg/L とし，2 段目に硫酸アルミニウムと $Ca(OH)_2$ で処理するとふっ素 8 mg/L となります.

用語解説 ふっ素，ほう素，窒素に関する排水基準は 2001 年に施行され，ふっ素規制は 8 mg/L 以下となった．一部の業界では暫定排水基準が設けられている．

59 ほう素含有排水の処理

ほう素含有排水は凝集沈殿かほう素吸着樹脂で処理

ほう素はpH値によって形を変えるので，凝集処理とイオン交換処理では
pH 10.5付近のアルカリ側で処理する．

◉ ほう素は[B(OH)₄⁻]などの形で存在

ほう素はpH値によってさまざまに形を変えます．**右図①左**は酸性側ではほう酸
$[B(OH)_3]$，アルカリ側ではほう素イオン$[B(OH)_4{}^-]$となります．

ほう素含有排水の処理は「ほう素イオン」の状態を利用するので通常，アルカリ側
（pH 10付近）で処理します．ほう素イオンの処理では経験的に硫酸アルミニウム，
水酸化カルシウム，塩化カルシウム，水酸化ナトリウムなどを用います．ほう素イ
オンを取り込むには「**エトリンガイト：$Ca_6Al_2(SO_4)_3(OH)_{12}$**」を利用します．

「**エトリンガイト**」は**右図①右**に示すように硫酸アルミニウム18水塩1 molと水
酸化カルシウム6 molを混合してつくります．排液処理ではほう素を含む排水に硫
酸アルミニウムを加え，次いで，水酸化カルシウムを添加してpH 10程度に調整す
ると排液中に**エトリンガイト類似成分**が生成します．ほう素イオンはこの**エトリン
ガイト類似成分**に取り込まれます．**右図②左**に示すようにほう素に過酸化水素を作
用させると「ほう素分子」が2つ組み合わさった二量体が形成されることが知られて
います[1]．

右図②右に示すようにほう素含有排水に過酸化水素を添加した処理を行ったとこ
ろAlイオンをBの30倍添加でB 100 mg/L→10mg/L程度に処理できました．ほう
素処理ではAl成分由来のスラッジ量が多いので脱水機，汚泥処分量などの課題が
残りますが上記の二量体形成による処理を行うと処理効果が向上します．ほう素イ
オンはほう素吸着樹脂でも分離できます．**右図③**に示すように2 molのN-メチル
グルカミン基はアルカリ側で1 molのBイオンを取り込みますが通常のイオン交換
樹脂に比べて吸着量は約1/10程度なので樹脂使用量が多く再生の回数も増えます．

---

1) **Yu-Jen ほか**：Treatment of High Boron Concentration wastewater by chemicaloxo-precipitation (COP9at room temperature.The 2013World Congress on Advances in Nano,Biomechanics, Robotics,and Energy Research 240 (2013))に著者加筆

① pHの違いによるほう素の変化とエトリンガイトのつくり方

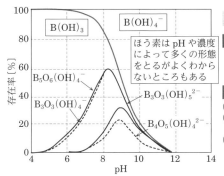

ほう素は pH や濃度によって多くの形態をとるがよくわからないところもある

エトリンガイトの合成方法

反応式

$$Al_2(SO_4)_3 \cdot 18H_2O + 6Ca(OH)_2 + 8H_2O$$
$$\rightarrow Ca_6Al_2(SO_4)_3(OH)_{12} \cdot 26H_2O$$
（エトリンガイト）

方法

(1) $Al_2(SO_4)_3 \cdot 18H_2O$ 1mol (666 g) を水10 L に溶解
(2) Ca 6 mol (444 g) をゆっくり混合 (最終的にpH 10.5となる)
(3) 発生した白色結晶 (pH 10.5) をろ過・水洗後，105℃で乾燥

② 過酸化水素併用ほう素含有排水の凝集沈殿処理例

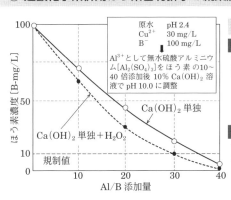

原水　pH 2.4
Cu^{2+}　30 mg/L
B^-　100 mg/L

Al^{3+} として無水硫酸アルミニウム$[Al_2(SO_4)_3]$をほう素の10〜40 倍添加後 10% $Ca(OH)_2$ 溶液で pH 10.0 に調整

ほう酸は過酸化水素により二量体をつくる

反応式

アルカリ性下でほう酸に過酸化水素を加えると過酸化物イオンを経由して二量体を形成する．
$$B(OH)_4^- + H_2O_2$$
$$\rightarrow HOOB(OH)_3^- + H^+ \cdots\cdots\cdots (1)$$
$$B(OH)_4^- + HOOB(OH)_3^-$$
$$\rightarrow B_2O_4(OH)_4^{2-} + H_2O \cdots\cdots (2)$$

方法

アルカリ性下でアルミニウムイオンとほう素の二量体が反応すると析出する．
$$2Al^{3+} + 3B_2O_4(OH)_4^{2-}$$
$$\rightarrow Al_2[B_2O_4(OH)_4]_3 \cdots\cdots\cdots (3)$$

③ ほう素イオンとほう素吸着樹脂の反応例

ほう酸の分解

$$H_3BO_3 + H_2O \rightarrow H^+ + B(OH)_4^-$$
ほう酸　　　　　　　ほう素イオン

ほう酸吸着樹脂とほう素イオンの反応

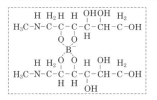

ほう素吸着樹脂 (N-メチルグルカミン基部分)

ほう素吸着樹脂とほう素イオンの結合

ほう素を吸着して飽和に達した樹脂は，硫酸などの酸でほう素を溶離して分離後，アルカリでOH型に再調整すれば繰り返し使用できます．

二量体：2つの同種の分子が物理的・化学的な力によってまとまった分子になることをいう．たとえば RCOOH－HOOCR など．

60 ほうふっ化物含有排水の処理

電気陰性度の値が大きいと電子を引き付ける力が強い

ふっ素の電気陰性度は4.0，ほう素は2.0なので強固に化学結合して安定しており簡単に分解できない．

☾ Al^{3+}の添加量でほうふっ化水素酸の分解が調節できる

排水中のほうふっ化水素酸（HBF_4）は，ほう素とふっ素が安定な結合をしているのでふっ化水素のようにカルシウムをいくら加えても難溶性のふっ化カルシウム（CaF_2）の沈殿物を形成しません．可溶性カルシウム塩［$Ca(BF_4)_2$］となり水溶液のままです．

$$2HBF_4 + Ca(OH)_2 \rightarrow Ca(BF_4)_2 + 2H_2O \quad \cdots\cdots\cdots\cdots\cdots\cdots\cdots (1)$$

ところが，ほうふっ化水素酸（HBF_4）は硫酸アルミニウムを加えて酸性下で加水分解すると式(2)のように$AlF_6{}^{3-}$とH_3BO_3に分解します．

$$3HBF_4 + Al_2(SO_4)_3 + 9H_2O \rightarrow 2H_3AlF_6 + 3H_2SO_4 + 3H_3BO_3 \quad \cdots\cdots (2)$$

式(2)より，HBF_4の分解に要する$Al_2(SO_4)_3$の量はHBF_4の1/3 molです．

右図①は常温（20℃）で硫酸アルミニウムをふっ素の3倍（理論量の10倍）加えてpH 3で1〜5時間分解した処理水に水酸化カルシウムを加えてpH 7に調整した結果例です．**右図②**はほうふっ化物含有（ふっ素として1,100 mg/L）排水に硫酸アルミニウムをAl^{3+}として1〜5倍添加して分解処理し，ふっ素濃度の変化を調べたものです．Al^{3+}をF^-の3倍量加えpH 3で5時間くらい処理するとF^-は10 mg/L以下となります．

右図③は下記(1)〜(3)の手順でほうふっ化物含有排水を処理した要約です．

(1)試料水に硫酸アルミニウムをAl^{3+}としてF^-の3倍加えpH 3にて3時間撹拌してふっ素とほう素に分解する．(2)この処理水に$Ca(OH)_2$とNaOHを加えpH 12.1にしてから全量を脱水ろ過し，ほう素をエトリンガイトに吸着して分離する．(3)ろ過液のpHを6.5〜7.5に調整して生成した水酸化アルミニウムにふっ素イオンを吸着分離する．上記の2段処理によりほうふっ化物含有排水の処理ができます．

○ エトリンガイト［$Ca_6Al_2(SO_4)_3(OH)_{12}\cdot26H_2O$］はアルカリ側でほう素イオンを吸着する．
○ ほう素はアルカリ側，ふっ素は中性付近で凝集分離する．
○ ふっ素，ほう素の排水処理がうまくいかないときは，ほうふっ化物の存在を疑うとよい．

① ほうふっ化物含有排水の硫酸アルミニウム添加量と処理時間の関係

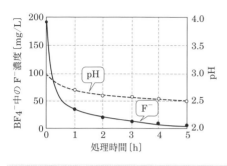

ふっ素(F)を185 mg/L含むほうふっ化物排液に硫酸アルミニウムを(Al^{3+}として)ふっ素の3倍以上加えてpH 3で3時間分解するとふっ素は10 mg/L以下となる.

② ほうふっ化物含有排水処理の硫酸アルミニウム添加量とF⁻とBの変化

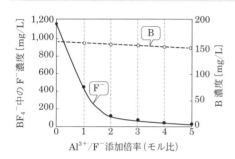

ふっ素(F)を1,100 mg/L含むほうふっ化物排液に硫酸アルミニウムを(Al^{3+}として)ふっ素の3倍加えてpH 3で分解し$Ca(OH)_2$で処理するとふっ素は10 mg/L以下となる.

③ ほうふっ化物含有排水の2段処理フローシートと処理結果

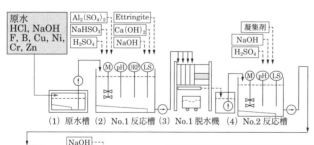

原水
HCl, NaOH
F, B, Cu, Ni,
Cr, Zn

$Al_2(SO_4)_3$　Ettringite
NaHSO$_3$　Ca(OH)$_2$
H$_2$SO$_4$　NaOH

凝集剤
NaOH
H$_2$SO$_4$

(1) 原水槽　(2) No.1 反応槽　(3) No.1 脱水機　(4) No.2 反応槽

ふっ素300 mg/L, ほう素45 mg/Lを含むほうふっ化物含有排液に硫酸アルミニウムを(Al^{3+}として)Fの3倍加えてpH 3で3時間分解後2段処理を行うとふっ素, ほう素は10 mg/L以下となる.

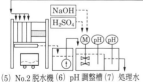

NaOH
H$_2$SO$_4$

(5) No.2脱水機 (6) pH調整槽 (7) 処理水

項　目	原　水	No.1 反応槽	No.2 反応槽	処理水
pH	13.2	12.1	6.8	7.2
ふっ素 [mg/L]	300	25	4	4
ほう素 [mg/L]	45	3	2	2

用語解説 電気陰性度:化学結合における相手の電子を引き付ける強さを表す.
電気陰性度の値:ふっ素 4.0, 塩素 3.2, ほう素 2.0, アルミ 1.6.

61 晶析材によるリンの吸着処理

リンを吸着する晶析材はリン以外にふっ素も吸着

リンを吸着した余剰の晶析材は，そのまま肥料として使用．

晶析材はリンを吸着して増加する

晶析法は，吸着剤のカルシウムヒドロキシアパタイト $[Ca_{10}(OH)_2(PO_4)_6$：以下 CHAP]にアルカリ側でリン酸イオンとカルシウムイオンを反応させて析出除去する方法です．

右図①は CHAP 表面にカルシウム，リン，アルカリ(OH)が接近して，新たに CHAP が析出するようすの模式図です．この方法は懸濁物を除いたあとのリン濃度(PO$_4$) 50 mg/L 以下の排水に適用すると効果的です．CHAP は pH 10.5～11.0 でカルシウムイオン濃度が高いと微細な結晶となって析出します．このとき，凝集が起こらない範囲の条件に調整してから結晶となる CHAP の核に接触させると表面に CHAP が晶析します．

晶析法は結晶核表面での析出によってリンの除去が達成されるので pH，カルシウム濃度，接触時間などがリン除去の因子となります．

右図②は晶析脱リン装置のフローシート例です．

調整槽で水酸化カルシウムを加えて pH 調整した処理水は晶析槽に流入し，上向流で晶析材と接触する間にリンが吸着除去されます．晶析槽からオーバーフローした処理水は沈殿槽で CHAP を分離して処理水となります．沈殿した CHAP は返送晶析材として調整槽と晶析槽に分けて送ります．晶析槽で増えた種結晶は余剰晶析材として間欠的に引き抜きます．余剰の CHAP は弱酸性を示す植物の根の周囲で溶解するので，リンを吸着した結晶はそのままリン肥料としても使用できます．ちなみに，ふっ素を取り込んだ結晶の場合はフルオロアパタイト $[Ca_{10}F_2(PO_4)_6]$ となります．

- 陰イオンのリンやふっ素は似た性質を示す．
- 晶析法では前処理で除濁しておくのがポイント．
- 回収した余剰の CHAP は肥料として使える．

① カルシウムヒドロキシアパタイトが析出する模式図

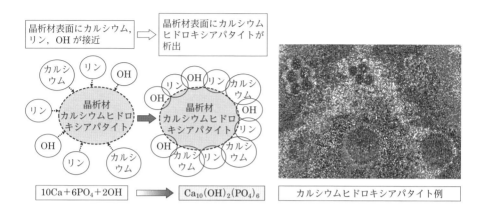

晶析材表面にカルシウム, リン, OH が接近 ⇨ 晶析材表面にカルシウムヒドロキシアパタイトが析出

$$10Ca + 6PO_4 + 2OH \longrightarrow Ca_{10}(OH)_2(PO_4)_6$$

カルシウムヒドロキシアパタイト例

② 晶析脱リン装置のフローシート例

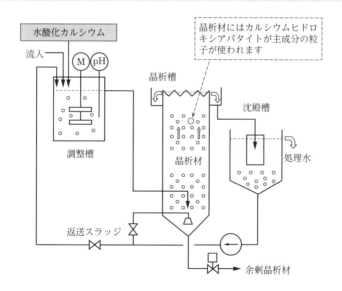

晶析材にはカルシウムヒドロキシアパタイトが主成分の粒子が使われます

水酸化カルシウム

流入

調整槽

晶析槽

晶析材

沈殿槽

処理水

返送スラッジ

余剰晶析材

用語解説
晶析：結晶となって析出すること．晶析材は晶析を誘引する素材．
ヒドロキシアパタイト：リン酸カルシウムの一種．動物の骨や歯の成分と同じ．

62 フェントン酸化−COD 除去に適する

有機物を含んだ排水の処理や汚染地下水の処理に適用

フェントン酸化は，酸化力の強いヒドロキシルラジカルの生成により，ほとんどの有機物を酸化分解する．

鉄触媒は凝集沈殿効果もある

過酸化水素は酸性下では安定で酸化力を発揮しませんが鉄イオン（Fe^{2+}）が共存するとフェントン反応に基づくヒドロキシルラジカル（OH·）を生成し強い酸化力を発揮します．

右図①上の式**(1)** はヒドロキシルラジカルの生成と有機物（アルコール類）酸化のようすです．Fe^{2+}の場合は式（1）に従い，Fe^{3+}の場合は式（2）および式（1）の2段階を経てヒドロキシルラジカルが生成されます．このヒドロキシルラジカルは水溶液中でほとんどの有機物や還元性物質を酸化し，最終的に二酸化炭素（CO_2）と水（H_2O）に分解します．

右図②は有機酸や還元剤を含む無電解ニッケルめっき排水をフェントン酸化処理した結果例です．COD 350 mg/L の水洗排水に硫酸第一鉄を鉄イオン（Fe^{2+}）として500 mg/L 加えて pH 3.0 に調整し 35 % 過酸化水素を COD(O) の1.2倍量添加して4時間酸化処理を行いました．処理水は塩化カルシウムと水酸化カルシウム溶液を加えて pH 10 とし，凝集沈殿させた後，上澄水の COD を測定しました．比較対照として同じ試料水に硫酸第二鉄を鉄イオン（Fe^{3+}）として500 mg/L，塩化カルシウムと水酸化カルシウム溶液を加えて pH 10 とし，凝集沈殿させた後，上澄水の COD を測定しました．

その結果，フェントン酸化処理水は2時間後に COD 30 mg/L となりましたが，酸化しないほうは COD 220 mg/L にとどまりました．

右図③はフェントン酸化による排水処理フローシート例です．No.1 と No.2酸化反応槽を合わせた滞留時間は少なくとも3時間は必要です．

○ フェントン酸化は汚濁排水の COD 除去に適している．
○ フェントン酸化のスラッジは凝集沈殿作用がある．
○ 過酸化水素はゆっくり分割注入するのがお得．

① ヒドロキシルラジカル（OH・）の生成と酸化反応

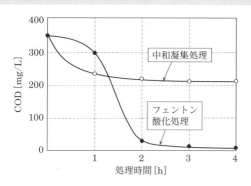

$$Fe^{2+} + H_2O_2 \rightarrow Fe^{3+} + \boxed{OH \cdot} + OH^- \cdots\cdots (1)$$

$$Fe^{3+} + H_2O_2 \rightarrow Fe^{2+} + HO_2 \cdot + H^+ \cdots\cdots (2)$$

OH・ ヒドロキシル ラジカル

$$R-\overset{\overset{\displaystyle H}{|}}{\underset{\underset{\displaystyle H}{|}}{C}}-OH \quad \xrightarrow{\text{酸化分解}} \quad CO_2 + H_2O$$

アルコール（CH_3OH）

ヒドロキシルラジカルは反応性が高く寿命が非常に短いので直接測定することができません．反応装置では絶え間なく発生させる必要があります．

② 無電解ニッケルめっき排水のフェントン酸化処理結果例

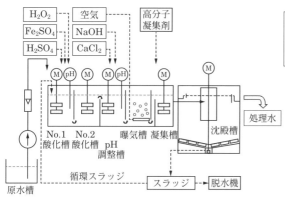

COD [mg/L] / 処理時間 [h]

中和凝集処理

フェントン酸化処理

有機酸と還元剤を含んだ無電解ニッケルめっき排水のCOD成分はフェントン酸化で処理できます．

③ フェントン酸化処理装置のフローシート例

H_2O_2 / Fe_2SO_4 / H_2SO_4 / 空気 / NaOH / $CaCl_2$ / 高分子凝集剤

M pH M M pH M M

No.1 酸化槽 No.2 酸化槽 pH 調整槽 曝気槽 凝集槽 沈殿槽 処理水

原水槽 循環スラッジ スラッジ 脱水機

フェントン酸化処理で発生したスラッジの一部は循環すれば繰り返し利用できて経済的です．

用語解説 **フェントン反応**：1890年にイギリスの化学者フェントンによって開発された．鉄イオン（Fe^{2+}）を触媒とし，過酸化水素を用いた酸化処理．

63 フィルタープレス−ろ過室で圧搾

圧搾装置付きフィルタープレスの含水率は低い

スラッジの容積を減らすと産廃処分費節約，環境負荷低減となる．

自動フィルタープレスは操作が楽

右図①はスラッジ容量と含水率の関係例です．一例として，凝集処理後のスラッジ（含水率98％）のみかけの容積は95％くらいです．これを沈殿槽で容積35％程度に濃縮した後，ベルトプレスで脱水すると含水率85％，容積20％となります．

今度は，同じ濃縮スラッジをフィルタープレスで脱水すると含水率60％となり，容積は7％に減少します．ここで，含水率85％と60％の容積を比べると60％のスラッジは85％のスラッジよりも1/2.67（100−60/(100−85) = 2.7）に減ります．スラッジの量が1/2.7ということは，スラッジ処分費がそれだけ減ることを意味します．これは産業廃棄物処分費の低減になるとともに環境負荷を減らすことにもなるのでスラッジの容積を減らす価値は大きいといえます．

右図②はフィルタープレスのろ過・脱水工程の概略です．

ろ過・脱水の初期はろ過室にスラッジを送り込みながらろ過します．後期になるとろ過室はスラッジで満杯となります．次に，ろ過室を開くと脱水スラッジは自重で落下，排出されます．フィルタープレスにはスラッジをポンプでろ室に送って加圧ろ過するタイプと，ろ過後，ろ過室内の圧搾用ダイアフラムに加圧水を送ってさらに脱水率を高めるタイプがあります．スラッジ排出には手間がかかるので，ろ過室を開いた後，ろ布が上下に移動したり，ろ布にハンマーで衝撃を与えてスラッジの離脱をしやすくしたものなどがあります．これら一連の工程を全自動で行う脱水機もあります．

右写真③は全自動脱水機の一例です．実際のめっき工場で金属資源の回収に使われています．

- 含水率が減れば廃棄物スラッジの容積も減る．
- 含水率98％の沈殿スラッジを脱水して70％にすると容量は1/15となる．
- スラッジは沈殿槽で濃縮後，脱水すると効率がよい．

① スラッジの容積と含水率

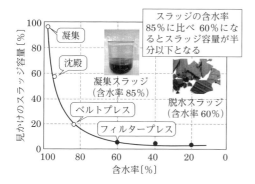

スラッジの含水率 85％に比べ 60％になるとスラッジ容量が半分以下となる

凝集スラッジ（含水率 85％）

脱水スラッジ（含水率 60％）

沈殿直後のスラッジ含水率は 98％くらいですが圧搾機構の付いたフィルタープレスで脱水すると含水率が約60％となります.

② フィルタープレスのろ過・脱水工程

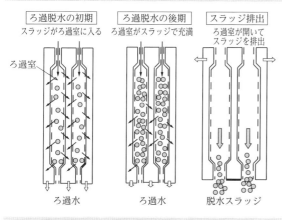

ろ過脱水の初期	ろ過脱水の後期	スラッジ排出
スラッジがろ過室に入る	ろ過室がスラッジで充満	ろ過室が開いてスラッジを排出

ろ過室

ろ過水　　　　　　ろ過水　　　　　脱水スラッジ

脱水機のろ板を開いてスラッジを剥離するには (1) ろ過布の上下移動，(2) 振動などの工程を自動で行う「全自動脱水機」があります.

③ 全自動フィルタープレス

全自動脱水機を複数設置して，異なる金属成分の回収をすれば資源の回収と販売による利益確保が実現します.

用語解説　ダイアフラム：隔膜または隔壁などの意味．合成樹脂やゴム材料が多く，２つの成分を仕切る膜．圧力計，ポンプ，脱水機などに広く使われている.

コラム❺ 🌊 活性炭吸着とファンデルワールス力 🌊

化学結合力の強弱は下記のとおりです.

　共有結合＞イオン結合＞金属結合＞水素結合＞ファンデルワールス力

　活性炭の吸着作用は大部分が物理吸着で，電気を帯びていない分子どうしが引き合う分子間の引力（ファンデルワールス力：Van der Waals）によるものとされています（ファン・デル・ワールス：1837～1923オランダの科学者）.

　こうした吸着は表面積の大きい物質ほど確率が高いといえます.

　下図上は活性炭の穴（マクロポアとミクロポア）です. 分子量の小さい物質はミクロポアに入り込んで吸着します. 結合力が弱いので加熱すると大半は離れてしまい，くり返し再生炭として再利用できます.

　下図下の写真は活性炭の顕微鏡写真です. 活性炭は1gの表面積が1,000～2,000 m² もあります. そうした意味で，活性炭は優れた吸着剤といえます.

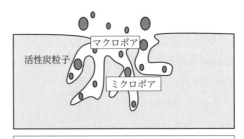

活性炭のマクロポアとミクロポア

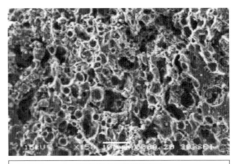

活性炭の顕微鏡写真

6章

微生物の力を利用する排水処理

　排水処理には，微生物の働きを利用する方法もあります．たくさんある微生物の中から処理する汚濁水に見合ったものを選び出し，生息，増殖しやすい環境を整えてやります．

　水中の微生物は，か弱い性質なので急激な環境変化を嫌います．ところが，生物の性質をよく知り，生物が好む環境さえ整えてやれば機嫌よく排水をきれいにしてくれます．

　このあたりは人の性質とよく似ています．

　微生物をうまくコントロールした排水処理法は処理薬品を使わない自然の摂理に合った方法です．

　ここでは，微生物を使った水処理の種類，仕組み，ポイントなどについて説明します．

64 活性汚泥法−好気性微生物の力を利用

微生物の力を利用した自然の摂理に見合った方法

汚濁水を曝気槽に入れ，空気を吹き込むと好気性微生物が発生し有機物を分解しながら増殖する．

☀ 活性汚泥は自ら凝集，沈殿する性質がある

有機物を含んだ汚濁水に空気を吹き込むと，**右写真①**に示す好気性微生物が有機物を分解しながら自然に増殖してフロックとよばれる綿状の浮遊物を形成します．このフロックが活性汚泥です．フロックは浮遊物を付着し，さらに各種原生動物，藻類なども集まってきて汚濁水を浄化します．**右図②**は活性汚泥法のフローシート例です．活性汚泥法の基本となる設備は次の(1)(2)(3)です．

- (1) **流量調整槽**：活性汚泥法の処理は24時間連続処理を原則とします．
  実際の排水は流量や濃度が変動するので流量と濃度の均一化を図る目的で流量調整槽を設けます．
- (2) **曝気槽**：排水に活性汚泥を混合して空気(酸素)を吹き込むタンクのことです．
  バクテリアが有機物の吸着と生物分解を行い，汚濁水を浄化します．
- (3) **沈殿槽**：水よりも比重が大きい活性汚泥のフロックを沈殿させます．
  上澄水は放流し，沈殿したフロックの一部は余剰汚泥として引き抜き，残りは返送汚泥として曝気槽に戻し循環利用します．

右表③は主な活性汚泥法の運転条件です．曝気槽の大きさを計算するのに(1) BOD容積負荷と(2) BOD汚泥負荷がありますが，通常，(1)を優先します．

- (1) **BOD-容積負荷**：曝気槽 $1\ m^3$ あたり1日に流入するBOD-kg量で，標準法では0.3〜0.8〔$kg/m^3 \cdot$日〕とします．
- (2) **BOD-汚泥負荷**：曝気槽中のMLSS 1 kgあたり1日に流入するBOD-kg数で標準法では0.2〜0.4〔kg/kg-MLSS・日〕とします．

- ◦ 活性汚泥法は24時間連続運転が原則．
- ◦ 活性汚泥法の主役は急激な水質変化を嫌うデリケートな微生物群．
- ◦ 曝気槽の容量計算にはBOD汚泥負荷を優先するのが合理的．

① 活性汚泥中の微生物例

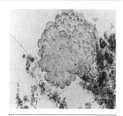

ズーグレア（Zoogloea）
細菌の集合体
500 ～ 1,000 μm

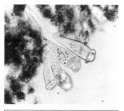

カルケシウム（Carchesium）
繊毛虫類
100 ～ 200 μm

活性汚泥中の細菌の集合体を
ズーグレアとよび粘着物を出し
てお互いがくっついてフロック
を形成します．活性汚泥には，
カルケシウムなどの原生動物（繊
毛虫類）も生息しており，汚濁
水をきれいにします．

② 活性汚泥法の基本フローシート

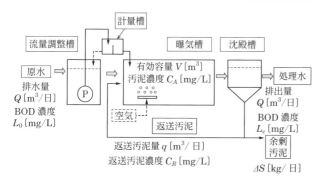

流量調整槽：流量変化
の多い排水をタンクに
貯めて，それ以降の流
れを24時間一定に調
節するためのタンク．

③ 活性汚泥法の運転条件

項　　目	BOD 負荷		MLSS 濃度 [mg/L]	滞留 時間 [h]	BOD 除去率 [%]
	容積負荷 [BOD-kg/ m³・日]	汚泥負荷 [BOD-kg/kg -MLSS・日]			
標準活性 汚泥法	0.3～0.8	0.2～0.4	1,500～ 2,000	6～8	95
分注 曝気法	0.4～1.4	0.2～0.4	2,000～ 3,000	4～6	95
汚泥 再曝気法	0.8～1.4	0.2～0.4	2,000～ 8,000	5 以上	90
長時間 曝気法	0.15～0.25	0.03～0.05	3,000～ 5,000	18～24	75～90
酸化溝法	0.1～0.2	0.03～0.05	3,000～ 4,000	24～48	95

BOD 負荷には(1)容積負
荷と (2)汚泥負荷があり
ます．
汚泥負荷は単位活性汚泥
量に対するBOD負荷な
ので，曝気槽の大きさを
計算する場合には現実的
な単位です．

用語解説 **活性汚泥**：活性汚泥には 244 種類の微生物が観察されている．これらの中から汚濁水に
合った約 20 種類が活躍して水をきれいにしてくれる．

65 長時間曝気法と汚泥再曝気法

活性汚泥法は吸着，酸化，凝集により有機物を除去

長時間曝気法は，余剰汚泥の発生量を減らすための生物処理法である．

生物処理は活性汚泥の扱いが重要

有機性汚濁水と活性汚泥を混合すると初期段階で吸着，次に，酸化・分解という二段階の反応を経てBOD成分を除去します．**右図①上**は標準活性汚泥法，長時間曝気法，**右図①下**は汚泥再曝気法のフローシートです．

長時間曝気法の流れは標準活性汚泥法と同じですが運転方法が異なります．標準活性汚泥法は，曝気時間が6〜8時間で吸着反応の占める割合が多いので汚泥発生量が多くなります．**長時間曝気法**は発生汚泥量を抑制するために次の改善策を取っています．

(1) MLSS量を増やし，BOD汚泥負荷を標準法よりも1/10程度に小さくします．

(2) 標準法に比べて，曝気槽内のMLSS濃度を2〜3倍多く，曝気時間を2〜4倍長くします．これにより，長時間曝気法は発生汚泥量が自己消化により減るので，小規模設備の場合は汚泥処理設備が不要か小さくなり，建設費を抑制できます．

右図②は曝気槽における有機物の分解と微生物増殖の関係です．

曝気槽に汚濁水と活性汚泥を混合して連続的に流し込むと図のように有機物濃度は曝気時間の経過とともに初期のうちは急速に低下し，その後，ゆっくり減少します．

長時間曝気法は，この点に着目して，曝気を長くして，余剰汚泥の発生量を抑えるために考案されました．一方，**汚泥再曝気法**は酸欠状態にある濃縮汚泥を集めて，集中的に空気補給して有機物の効果的な酸化分解をねらった方法です．

- 活性汚泥法の初期は酸化反応よりも吸着反応が優先する．
- 長時間曝気法は汚泥の自己消化を巧みに利用したもの．
- 汚泥再曝気法は酸欠汚泥の活力を蘇らせる上手な方法．

① 主な活性汚泥法のフローシート

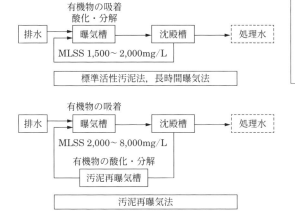

汚泥再曝気法は，沈殿槽で酸欠状態になった活性汚泥にもう一度空気を吹き込んで活性化させ，有機物を酸化，分解しようとするものです．

② 有機物の分解と微生物の増殖

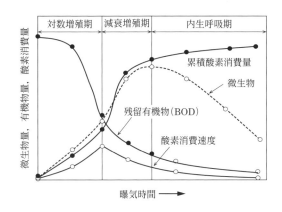

このグラフから曝気時間が長くなると微生物の量が減ることがわかります．
長時間曝気法はこの特性を利用したものです．

用語解説 MLSS：Mixed Liquor Suspended Solid の略．活性汚泥槽内の浮遊汚泥．
吸着反応：固体の表面に原子，分子，微粒子などが付着する反応．

66 汚泥が沈まないバルキングの原因と対策

有機物負荷の高い排水で起きやすい

バルキング（Bulking：膨化）は生物処理における環境の異変に対して活性汚泥がとる対抗策である.

☾ 活性汚泥は急激な変化を嫌う

活性汚泥処理のバルキングは汚泥がかさばって沈降しなくなり，上澄水と分離しにくくなる現象のことです．バルキングが起こると汚泥が沈殿槽で分離できずキャリオーバーしてしまい，結果的に処理水質の悪化となります.

MLSS濃度は同じでも **SVI** 200 以上になると活性汚泥の沈降速度が遅くなり，上澄水が得られなくなります.

食品や畜産などの有機物負荷が高い排水はほとんどといってよいほどバルキング現象が起きます．バルキングの原因には(1)糸状性細菌の異常増殖によるものと(2)糸状性細菌が関与しない場合があります．一般に糸状菌は有機質の多い水域に増殖します．糸状菌が繁殖すると糸くずを絡めたような白濁の浮遊物となり，沈殿槽で沈降せず圧密もしないので上澄水との分離ができません.

右図①は活性汚泥生物と糸状性細菌の概略図です.

糸状菌は細菌類とは構造が異なり，菌が鞘の中に入っているので外的影響に耐えることができます．外的環境の急変に弱い活性汚泥生物が死滅しても鞘の中で保護されている糸状菌はしぶとく生き残ることができるというわけです.

糸状菌自体は汚水をきれいにする力をもっていますが「糸くずのかたまり」のような形をしているので沈みにくく，結果として処理がうまくできません.

右表②にバルキング発生の原因と対策例についてまとめました．バルキングが発生した現場では表に示すように，多くの対策を試みますがいまだ決め手となる解決策は見つかっていません.

- ◉ 水環境の急変では変化に強い糸状菌が優先して生き残る.
- ◉ 糸状菌は菌が鞘の中に入っているので環境変化に強い.
- ◉ バルキング解決の決め手はまだ見つかっていない.

① 活性汚泥生物と糸状性細菌の概略図

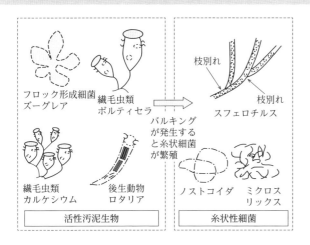

糸状性細菌が異常繁殖すると水全体が白濁したようになり，汚泥が沈まなくなります．

② バルキング発生の原因と対策

原　　因	対　　策
(1) 水質，流量の急激な変動．	流量調整槽の見直し． 生産工程の検討．
(2) 有機物負荷が急に高くなる．	汚濁負荷の均一化を図る．
(3) 硫化水素の発生．	嫌気状態を改善． 曝気空気の増加．
(4) 生物活動を阻害する物質や毒物が混入．	化学物質の実態を突き止め原料を変更する．
(5) BOD，窒素，リンのバランスがくずれた場合．	BOD：N：P ＝ 100：5：1 の原則を守る．
(6) 沈殿汚泥を引き抜かず嫌気状態に放置した場合．	沈殿槽，汚泥貯留槽，脱水機などのチェック．
(7) 塩類濃度（NaCl など）が急に変わった場合．	流量の均一化と原料の変化をチェック．
(8) 殺菌性の消毒薬（Cl_2 など）の混入．	緊急時は還元剤（$NaHSO_3$ など）を添加．

 用語解説 SVI：Sludge Volume Index の略．活性汚泥を 30 分静置後，1 g の MLSS が占める容積を mL で示したもの．SVI ＝ 100 は活性汚泥 1 g が 100 mL を占める．

67 生物膜法−微生物の継続保持が容易

初期の建設コストはかかるが，維持管理が容易

生物膜法はプラスチック製の板，多孔質の粒などの表面に生物膜を生成させて有機物を分解する方法の総称である．

☀ 生物膜法は低濃度 BOD 処理向き

生物膜法は，川の流れが水を浄化する原理と同じです．

生物膜法の特徴は次の(1)〜(4)です．

(1) 汚泥返送は不要．活性汚泥処理で発生するバルキング現象がない．

(2) 水量が急に増えても汚泥の流出はなく，処理水質が安定している．

(3) 好気性生物膜の下に嫌気性生物膜が形成され，BOD以外に窒素除去が期待できる．

(4) ろ材に付着する微生物の量が決まっているので管理できる汚濁濃度に限度がある．

右図①は接触曝気法の事例と**接触ろ材の写真**です．接触曝気法で高BODの水を処理すると生物膜が肥厚してろ材が閉塞します．したがって，接触曝気法はBOD 200 mg/L以下の処理に適しています．

右図②は回転円板装置の概略図と**写真**です．プラスチック製の円板を汚水に40％程度浸漬しゆっくり回転すると円板表面に微生物が膜状に生成します．

生物膜は大気から酸素を取り込み，汚水からは有機物を吸収して，好気性酸化により水を浄化します．ブロワーが不要なので省エネルギーで低騒音の装置です．

右図③は流動床法の概略図です．槽の中に図に示す多孔質プラスチック製担体を入れてこの表面に微生物膜を形成させると高い処理効率が得られます．一例として，直径5 mm程度のポリビニルアルコール粒は見かけの比重が1.02程度なので曝気により浮遊します．表面積を多く確保できるのでBOD容積負荷を通常の10倍とれます．

○ 生物膜法は返送汚泥が不要なので維持管理が容易．
○ 生物膜法は川の流れが汚濁水を浄化する現象と同じ．
○ 生物膜法は低濃度BOD排水の処理に向いている．

① 接触曝気法の曝気方式

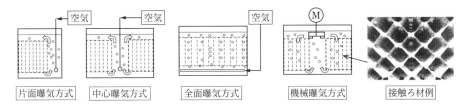

片面曝気方式　中心曝気方式　全面曝気方式　機械曝気方式　接触ろ材例

② 回転円板装置の概略図

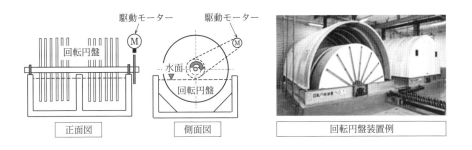

正面図　側面図　回転円盤装置例

③ 流動床法の概略図

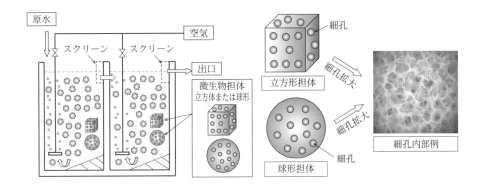

用語解説　担体：生物膜を固定する土台となる材料．水処理ではプラスチックが使われる．
嫌気性菌：酸素の有無に関わらず，増殖する微生物．

145

68 単一槽で行える 回分式活性汚泥法

少量排水の処理に最適

回分式処理は，連続式に見られる濃度の急変がないので，安定した処理ができる．

☙ 微生物は濃度の急変を嫌う

回分式活性汚泥法は**右図①**のように1つの槽で(1)排水の流入(2)曝気(3)沈殿(4)処理水の排出，の4工程を繰り返して処理する方法です．

回分式活性汚泥法の特徴は下記(1)～(3)です．

(1) 1つの槽で曝気槽と沈殿槽を兼ねるので，装置の構造が単純．

(2) 沈殿時間が長く取れるので汚泥と処理水の分離効果がよい．

(3) 排水流入時や沈殿時は槽内が嫌気状態となるので脱窒素効果が期待できる．

右図②は回分式活性汚泥法のフローシートです．図では調整槽のブロワー(1)と回分式処理槽のブロワー(2)を別々に設けています．これは，調整槽では排水の腐敗防止と均一化を兼ねて，常時，空気を送る必要があるのに対し，回分式処理槽では間欠的に空気を送るので別々に設ける必要があるからです．空気送入が終了すると沈殿分離→処理水の排出工程に移りますが排水によっては汚泥が沈殿する間に一部が浮上することもあります．このような場合を想定して，処理水の排出は汚泥界面と水面の中間から抜き出す構造とするのがポイントです．

右図③は高濃度の塩分，有機物による細胞液の流出の模式図です．曝気槽内の塩類濃度などが急に濃くなると**浸透圧**が変化し，細菌の細胞液は細胞膜を透過して外部に流出するので細菌は死滅します．連続式活性汚泥法は原水濃度がよく変動します．これは細菌類が最も苦手とする現象です．これに対して，回分式処理では濃度の急変がないので安定した処理ができます．

- ◦ 微生物は塩分濃度が急に上がるとすぐに活性を失う．
- ◦ 微生物の細胞膜はRO膜と同じ作用をする．
- ◦ 1日の排水量が50 m³以下の場合は回分式が有利．

① 回分式活性汚泥法の4工程

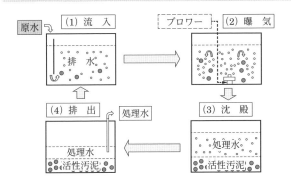

1槽で4工程を繰り返す

長所
(1) 装置の構造が簡単
(2) 汚泥の分離が確実
(3) 脱窒素効果が期待できる

② 回分式活性汚泥法のフローシート

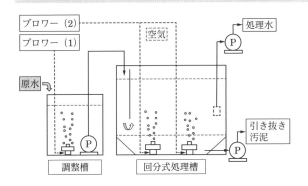

調整槽
排水の腐敗防止，濃度の均一化のために空気を連続注入
処理槽
空気送入は間欠的に行う

③ 高濃度の塩分, 有機物による細胞液の流出

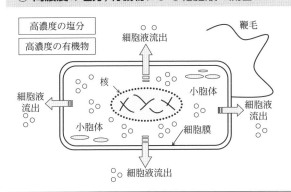

細胞は高濃度の塩分や有機物に接触するとすぐに弱ってしまいます. 回分式は急激な濃度変化がないので細胞には優しい処理法です.

用語解説
ブロワー：生物処理などで広く使われている送風機. 低圧で大風量を送る.
浸透：細胞膜を隔てて低濃度の溶液側から高濃度液側に水が移動する現象.

69 膜分離活性汚泥法 (MBR) – 沈殿槽不要

沈殿槽がいらないので設備のコンパクト化が可能

膜分離活性汚泥法（MBR：Membrane Bio Reactor）は懸濁物の分離が確実，MLSS高濃度運転などのメリットが多い.

☀ 膜分離活性汚泥法は維持管理が容易

これまでの活性汚泥法は，処理水と活性汚泥を分離するための沈殿槽が必ず必要でした．この方法は原理が単純で建設費用が安くて済むので古くから使われてきました．しかし，沈殿槽のための設置スペースが必要で，分離効率が汚泥の性状に左右されるので，維持管理に手間がかかりました．この不都合を改善する目的で，MF膜を用いて汚泥と処理水を分離する膜分離活性汚泥法が開発されました.

右図①は標準活性汚泥法とMBRの比較です.

MBRは沈殿槽がいらないので処理システムが単純です．汚泥が自然に沈降するのを待つのに対してMF膜でろ過をするので分離が確実です.

右図②は膜をユニットに組み込んだモジュールの事例です．膜には(1)平膜，(2)横式中空糸膜，(3)縦式中空糸膜の3種類があり，それぞれの排水に見合った**MF膜材料**が使われています．いずれの場合も膜カートリッジの上部集水管からポンプで水を吸引ろ過して回収します．同時に，膜面の閉塞防止と曝気を兼ねてユニット下部から空気を送ります．膜分離活性汚泥法は(1)汚泥の管理が容易，(2)汚泥を高濃度に維持できる，(3)沈殿槽が不要なので設備がコンパクトになる，などの利点があります.

短所としては，(1)膜のコストがまだ高い，(2)定期的な膜の洗浄や交換が必要，(3)曝気槽の水質が安定しにくく発泡しやすいなどがあげられます．**右表③**はMBR処理の原水と処理水の水質例と各種ろ過におけるろ過速度(LV)の比較です．MFろ過のLVは0.34 m/h程度ですがMBRろ過では1/10以下の0.02 m/hで管理します．この速度は流れるというよりも「吸い取り紙」が水を吸い込むのと同じくらいの速度です.

- ○ MBRは設備構成が単純.
- ○ MBRはMF膜ろ過なので固液分離が確実.
- ○ MBRではMLSS濃度を高くして曝気槽容量を小さくできる.

① 標準活性汚泥法（上）とMBR（下）の比較

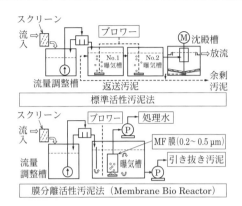

MBRは反応槽内に分離膜（孔径0.2〜0.5 μm）を露出させて浸漬し，下から強く曝気し，空気の泡とこれに伴う上昇流で膜を揺動します．
処理水は自吸式ポンプでゆっくり吸い上げます．

② 膜を曝気槽に設置した事例と縦式MBRの写真

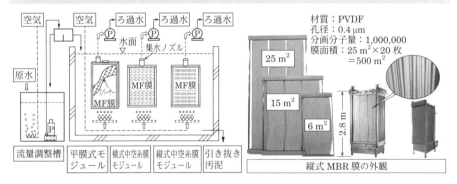

材質：PVDF
孔径：0.4 μm
分画分子量：1,000,000
膜面積：25 m² × 20 枚
　　　＝500 m²

縦式 MBR 膜の外観

③ MBR処理前後の水質（左）と各種ろ過におけるろ過速度（LV）比較（右）

測定項目	原水	処理水
BOD〔mg/L〕	300	< 15
COD〔mg/L〕	200	< 20
T-N〔mg/L〕	20	< 5
T-P〔mg/L〕	7	< 1
SS〔mg/L〕	200	< 1

ろ過の種類	ろ過水量 〔m³/日〕	ろ過面積 〔m²〕	透過流束 〔m/日〕	透過流束 〔m/h〕
急速砂ろ過	120	1	120	5
緩速砂ろ過	5	1	5	0.2
MF膜ろ過（0.05 μm） （HFS-1,020）	240	29	8.3	0.34
UF膜ろ過（15万 Da） （HFU-1,020）	156	29	5.4	0.22
RO膜ろ過（SU-220）	40	28	1.4	0.06
生活排水（ワコン MBR）	150	375	0.4	0.016
下水排水（東レ MBR）	2,400	4,200	0.57	0.024

用語解説 **MF膜材料**：セラミック，ポリふっ化ビニリデン（PVDF），ポリエチレン，ポリアクリルニトリルなどがある．

70 流量調整槽−水の流量，濃度を均一化する

急激な濃度変化を防ぎ，生物の代謝活動を一定に保つ

水の水量，濃度を均一化する流量調整槽は，あらゆる水処理設備で必要な貯留槽である．

☀ 活性汚泥法は急激な濃度変化を嫌う

生物の集合体である活性汚泥は人体の動きとよく似ており急激な変化を嫌います．

生物は，いつも同じ物を必要なだけ食べていればご機嫌で，安定した**代謝活動**をしますから，結果的に良好な排水処理をしてくれます．そのために連続処理における活性汚泥法では，流量調整槽を設けて排水を一定の流量，均一なBOD濃度にして連続的に曝気槽に送るようにします．しかし，工場排水や生活排水は**右図①**に示すように1日24時間いつも同じ流量で出てくるとは限りません．たとえば，**図左**の工場は朝8時から18時が操業時間で，その間，ほぼ一定の排水量となります．

図右の生活排水は朝夕に大きな排水量のピークがあり，12時ごろに小さなピークが現れたりすることもあります．この流量や濃度の変動を均一に調整する目的で設けるのが流量調整槽です．

流量調整槽の容量計算方法を**右ページ②**に示します．

実際の装置設計で流量調整槽と処理槽の水位が異なる場合は**右図③**のような対策が必要です．

調整槽より処理槽の水位が低い場合は，図左のように流入水が急に増えて2台のポンプ(P1，P2)で汲み上げても間に合わない場合には調整槽の水がオーバーフローで移流するように調整槽上部に開口部を設けておきます．

調整槽より処理槽の水位が高い場合は，図右のように3台目の予備ポンプ(P3)が作動するように準備しておきます．これにより，汚水が外部へ流出するのをひとまず避けることができます．

○ 活性汚泥処理は排水を24時間均等に流すのが重要．
○ 連続処理では流量調整槽の果たす役割が大きい．
○ 排水量が1日50 m³以下の場合は回分式処理が有望．

① 工場排水と生活排水の排出時間帯例

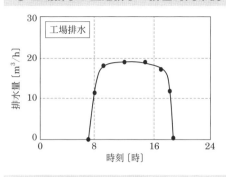

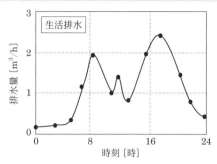

② 流量調整槽の容量計算例

流量調整槽の容量は次式で算出します.

$$V = \left(\frac{Q}{T} - \frac{Q}{24} \times T \right) \quad\cdots\cdots\cdots\cdots\cdots\cdots\cdots\cdots\cdots\cdots\cdots\cdots\cdots\cdots\cdots (1)$$

ただし,V:流量調整槽必要容量〔m³〕,Q:計画排水量〔m³/日〕,T:排出時間〔h〕
1日200 m³の排水が10時間で出る場合の流量調整槽の大きさは次式のようになります.

$$V = \left(\frac{200}{10} - \frac{200}{24} \right) \times 10 = 117 \text{ m}^3 \quad\cdots\cdots\cdots\cdots\cdots\cdots\cdots\cdots\cdots\cdots\cdots\cdots (2)$$

生物処理に限らず,排水処理の場合は少なくとも1日分の排水を貯留できる調整槽があれば安定した処理ができます.

③ 流量調整槽と処理槽の水位とポンプ数

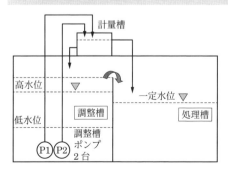

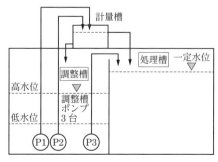

> **用語解説** **代謝活動**:(1)物質代謝:細胞内での物質変換と(2)エネルギー代謝:生体活動に関するエネルギーの出入りや変換がある.両方とも急激な変化を嫌う.

71 曝気槽に送る空気量の計算方法

曝気槽の配列は原水の短絡防止のため 2 室以上にする

☾ 最初の曝気槽に空気を多く送入する

活性汚泥処理設備の曝気に必要な空気量は次式から算出します.

$$O_2 = a \cdot Lr + b \cdot Sa \qquad\qquad\qquad (1)$$

ただし, O_2：酸素の必要量〔kg/d〕

$\qquad$ a：BOD酸化に要する酸素量率（0.35～0.60）

$\qquad$ Lr：除去BOD量〔kg/d〕

$\qquad$ b：内生呼吸による自己酸化率（0.06～0.14）

$\qquad$ Sa：曝気槽内MLSS量〔kg〕

式(1)の a, b は汚泥日齢(sludge age)または汚泥滞留時間(sludge retention time)に影響されますが多くの知見から, a は 0.31～0.77, b は 0.05～0.18 とされています. **右図①**に必要酸素量推定のための係数 a, b 決定例を示します.

右表②に式(1)の係数 a, b の一例を示します.

例題：原水 BOD 250 mg/L, 処理水 BOD 25 mg/L, 排水量 200 m³/d, 曝気槽内 MLSS濃度 3,000 mg/L, 曝気槽容量 100 m³ と仮定して必要空気量を計算してみよう.

式(1)より,

$$O_2 = 0.7 \times (0.25 - 0.025 \,\text{kg/m}^3) \times 200 \,\text{m}^3/\text{d} + 0.07\,(3\text{kg/m}^3 \times 100\text{m}^3)$$

$$= 31.5 + 21.0$$

$$= 52.5 \,\text{kg-O}_2 \qquad\qquad\qquad (2)$$

ここで, 空気 1 L 中の酸素は 32 g/22.4 L × 21/100 = 0.3 g なので酸素 52.5 kg の空気は 52.5 ÷ 0.3 = 175 m³ となります. これに酸素利用効率を 5% として算出すると 175 m³ × 100/5 = 3,500 m³/d = 146 m³/h となります.

MLSS濃度 3,000 mg/L, 曝気槽容量 100 m³, 送気量 146 m³/h における送気量と曝気槽容量の比は 146/100 = 1.46 となり, 実際の現場でもこの程度の比率（1.46 m³/m³·h）で空気を送入しています. 酸素溶解効率と空気量の関係を**右図③**に示します.

- 曝気槽の配列：汚水の短絡流防止の観点から 2 室以上とし容積比 6：4 とする.
- 空気中の酸素は 21% なので空気 1 L 中の酸素は 32 g/22.4L × 0.21 = 0.3 g となる.
- 流量調整槽の空気量は経験上 0.5 m³/m³·h, 曝気槽の空気量は 1.5～2.0 m³/m³·h.

① 必要酸素量推定のための係数 a, b の決定例

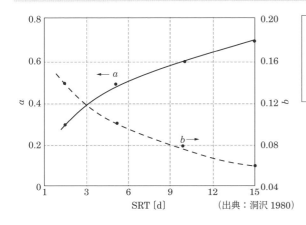

SRT [d] （出典：洞沢 1980）

ブロワーの選定では曝気槽の水深を考慮します.
水深に応じて空気送入圧力の高いブロワーが必要なので選定に当たっては注意する.

② 式(1)中の係数 a, b 例

排水の種類	a	b
家庭下水	0.73	0.075
石油精製排水	0.49 ～ 0.62	0.10 ～ 0.16
化学および石油化学排水	0.31 ～ 0.72	0.05 ～ 0.18
製薬工業排水	0.72 ～ 0.77	—
クラフトパルプ・漂白排水	0.5	0.08

（出典：Eckenfelder 1970）

③ 酸素溶解効率と空気量の関係

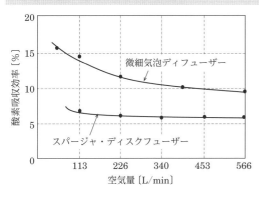

空気量 [L/min]

- 水深 2.5～5.0 m では酸素の溶解濃度は 10～12 mg/L 程度が目安です.
- 水深が 10～20 m になると酸素濃度は 13～17 mg/L となります.

用語解説

業務独占資格：浄化槽の維持管理は浄化槽管理士の有資格者のみが行える.
技術士：技術士は名称を独占できる. 技術系資格では最難関試験とされる.

72 沈殿槽−汚泥を沈殿して集め処理水と分ける

汚泥は短時間で沈殿分離し，脱水処理するのがポイント

沈殿槽は集まった汚泥が速く沈降し処理水とスラッジが分離しやすい機構とする.

☾ スラッジは長時間放置すると腐敗する

沈殿槽の滞留時間は長いほど懸濁物質の分離効果がよくなると思われますが，実際にはそうでもありません. 滞留時間が長すぎると沈殿汚泥が腐敗したり，嫌気発酵して浮上し，水質が悪化することがあります.

右図①はホッパー型沈殿槽の構造例です. 分離した懸濁物が効率よく底部に集まるように**ホッパー部分の傾斜角度は60度**とします.

右図②は中心駆動かき取り装置付き円形沈殿槽です. **センターウエル**を経て流入してきた懸濁物は沈殿槽を沈降し上澄水と分かれます. 沈殿槽底部に沈殿したスラッジは汚泥かき寄せ機で中央のくぼみに集めます. 汚泥かき寄せ機が付いているのでホッパーの角度は低くてよく，その分，有効な水深を確保できます.

右図③は横流式沈殿槽例です.

形状は単純な長方形の池で，整流板で整流されたスラッジ含有水は横方向に流れる間に比重差でスラッジと上澄水に分かれます. 沈降したスラッジはゆるい傾斜角度の底部を汚泥かき寄せ機により1ヶ所に集められ汚泥排出管を経て排出されます.

長方形の池なので大型の沈殿槽に適しており，複数連結すればいくらでも拡張でき，大都市の下水処理場などで広く使われています.

活性汚泥処理後の沈殿槽の滞留時間は一般に4時間程度を目標とします. 沈殿槽の大きさは，汚泥の沈降速度と水面積から計算するのが妥当な方法です.

○ かき寄せ機のない沈殿槽はホッパー角度が60度必要.
○ かき寄せ機のある沈殿槽底部はゆるい傾斜角度でよい.
○ 沈殿汚泥はすばやく引き抜いて脱水処分するのが重要.

① ホッパー型沈殿槽

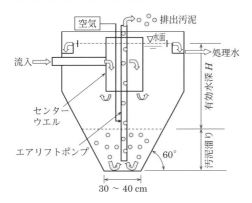

沈殿するスラッジが効率よく底部に集まるよう，**ホッパー**部分の角度は60度の傾斜角が付けられている．

② 中心駆動かき取り装置付き沈殿槽

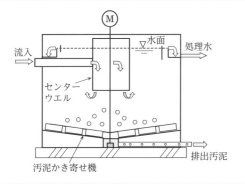

- 流入水は**センターウエル**で下向流に変わる．
- 沈殿スラッジは汚泥かき寄せ機で中央のくぼみに集められる．

③ 横流式沈殿槽

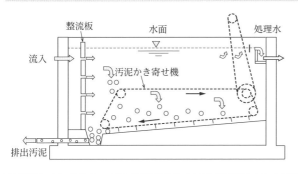

整流板（直径8 cmくらいの丸穴を開けた板）は横型沈殿槽に流入した凝集処理水が乱流を起こさないようにするために設ける．

用語解説
ホッパー：粒状のものを下に落とすための漏斗状の装置．
センターウエル：沈殿槽の中心に設けた太い筒状の管．水の流れを整える．

73 汚泥負荷と容積負荷－汚泥負荷を優先する

汚泥負荷と容積負荷から曝気槽容量が計算できる

活性汚泥処理でBOD負荷を評価する手段には2通りある.

容積負荷は曝気槽容量計算の参考値

活性汚泥処理でBOD負荷を評価する手段に(1)汚泥負荷と(2)容積負荷があります.

汚泥負荷量は1日あたり,曝気槽内の浮遊微生物群(MLSS)1 kgあたりのBOD負荷量のことで〔BOD-kg/MLSS-kg・日〕の単位で表します.

容積負荷量は曝気槽1 m^3に対して1日に流入する排水のBOD重量のことで〔BOD-kg/m^3・日〕の単位で表します.

右図②③は汚泥負荷と容積負荷の要点をまとめたものです.

この図を使って以下に(1)**汚泥負荷**と(2)**容積負荷**のたとえ話をします.

図②の汚泥負荷:水槽(曝気槽)の中にバクテリア(MLSS)が10個あって,ここにMLSSの数に見合ったえさ(原水BOD)を10 g入れたとします.

MLSS 1個はBODを1gずつ食べるとすれば全部食べ尽くして元気に活動を続けます.この場合,BODは余らないので残渣(余剰汚泥)は発生せず,水槽の水は汚れません.つまり,原水のBOD成分は浄化されたことになります.これがMLSSを基準にした汚泥負荷の考え方です.

図③の容積負荷:容積負荷では,水槽中のMLSSの数を数えないで,MLSSが3個しかいないのにBODを10 gも入れてしまったら(BODの過負荷)7 gも余ってしまいます.

その結果,余剰汚泥が発生するうえにMLSSには荷が重過ぎて原水のBOD成分も十分に浄化されません.これが容積負荷の考え方です.このように,活性汚泥処理槽の容積計算では,原水のBOD量に対応してMLSS濃度を調整できる**汚泥負荷方式**のほうが合理的で,**容積負荷**による計算は二次的に導かれる数値です.

○ 汚泥負荷による容量計算はMLSS濃度が関与する.
○ 容積負荷による容量計算はMLSS濃度に対応しない.
○ 活性汚泥法は汚泥濃度の調整ができる.

① 汚泥負荷と容積負荷の比較

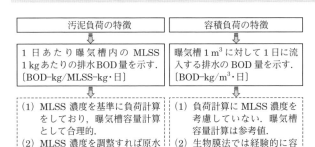

汚泥負荷の特徴	容積負荷の特徴
1日あたり曝気槽内の MLSS 1 kg あたりの排水 BOD 量を示す. 〔BOD-kg/MLSS-kg・日〕	曝気槽 1 m³ に対して 1 日に流入する排水の BOD 量を示す. 〔BOD-kg/m³・日〕
(1) MLSS 濃度を基準に負荷計算をしており,曝気槽容量計算として合理的. (2) MLSS 濃度を調整すれば原水BOD 値が変わっても対応できる.	(1) 負荷計算に MLSS 濃度を考慮していない.曝気槽容量計算は参考値. (2) 生物膜法では経験的に容積負荷を用いて曝気槽容量を計算する.

活性汚泥法では**汚泥負荷量**から「**曝気槽**」の大きさを計算しますが,「**接触曝気法**」では MLSS の量が分かりません.この場合は経験的に実績値から「**容積負荷**」で計算します.

② 汚泥負荷の考え方

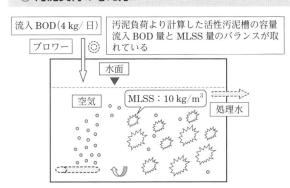

流入 BOD (4 kg/ 日)
ブロワー

汚泥負荷より計算した活性汚泥槽の容量
流入 BOD 量と MLSS 量のバランスが取れている

水面
空気　MLSS：10 kg/m³　処理水

排水の BOD 量に見合った活性汚泥 (MLSS) 量を準備しておけば排水処理はうまく進みます.

③ 容積負荷の考え方

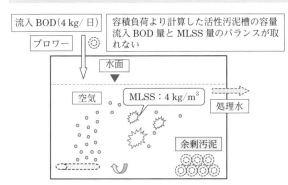

流入 BOD (4 kg/ 日)
ブロワー

容積負荷より計算した活性汚泥槽の容量
流入 BOD 量と MLSS 量のバランスが取れない

水面
空気　MLSS：4 kg/m³　処理水
余剰汚泥

少ない活性汚泥 (MLSS) 量のところに多くの BOD 成分を流すと処理しきれず,BOD が残ってしまいます.

用語解説 **負荷**：活性汚泥法の負荷とは「汚泥の量」または「反応槽の大きさ」が処理を受け持つ排水の BOD 量を表している.これが汚泥負荷と容積負荷である.

74 毒性物質と増殖阻害物質

「毒性物質」も「増殖阻害物質」も人工の化学物質

毒性物質は人や生物の生命に悪影響を与え，増殖阻害物質は活性汚泥にも好ましくない.

☀ 人の生活に役立っている抗菌剤

　人や生物の生命維持に悪い影響を与える物質を「毒性物質」といいます.

　代表的なものにシアンや6価クロムなどがあります. これとは別に，微生物の活動を抑制する物質に**抗菌剤**があります. **右図①**は抗菌剤の種類です. これらは食品中で発生する有害な菌類の活動を抑制するので私たちの食の安全に貢献しています. ところが，食品工場の活性汚泥処理装置などにこれらの物質が一時に大量に流入すると微生物の働きを妨害する側に転ずるので生物の「**増殖阻害物質**」となります.

　右表②は食品添加物の一例です. これらの物質は私たちが日常使う食品や化粧品の品質保持，細菌汚染防止，腐敗防止に役立っています. その反面，これらの物質が活性汚泥処理設備に流入すると汚泥中の細菌類の活動を妨害するので，バルキングを起こし処理水質を悪化させます. 実際の排水には多くの物質が混合状態で含まれているのでどれが生物の代謝活動を阻害するのかわかりません. そこで，いくつかの物質の生物化学的な傾向を知ることができれば問題点が幾分単純化されます.

　右表③は活性汚泥処理における化学物質の阻害性と限界濃度例です. 排水処理では生産工程から流出してくる化学物質の種類について調査しておくことが大切です. エチルアルコールは微生物に栄養剤として作用しますが，意外にも毒性のない塩化ナトリウムは水中の濃度が高くなると浸透圧が上がり活性汚泥内の細胞液を引き出して細胞を死滅させることがあります. 一見，無害な物質であっても濃度が高くなると浸透圧が大きくなって生物の活動を阻害するので濃度管理が重要です. このように，生物処理では予期せぬ化学物質が「**増殖阻害物質**」として作用するので注意が必要です.

○ 人の生活を守る抗菌剤も活性汚泥には有害物質となることがある.
○ 化学薬品には活性汚泥の活動を阻害するものがある.
○ 阻害物質の生物処理はゆっくりと時間をかけて処理をする.

① 抗菌剤の種類

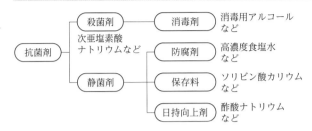

静菌剤は菌を殺して減らすのではなく，菌の増殖を抑制して菌を減らす化学物質のことです．
漬物，ハム，梅干などの食品類の添加剤に使用します．

② 食品添加物の成分と用途

名　称	成　分	用　途
保存料	ソルビン酸カリウム	漬物の保存料
	イソペクチンL	辛子明太子などの保存料
着色剤	食用赤色3号2-(2,4,5,7-テトラヨード-6-オキシド-3-オキソ-3-キサンテン-9-イル)安息香酸2ナトリウム1水和物	漬物，たらこ，ハムなど
	食用黄色4号5-ヒドロキシ-1-(4-スルホナトフェニル)-4-[(4-スルホナトフェニル)ジアゼニル]-1-ピラゾール-3-カルボン酸3ナトリウム	漬物，おにぎり，スジコなど
調味液	アミノ酸液，調味料，糖類など	漬物，梅干，佃煮などの味付け
防腐剤殺菌剤	安息香酸ナトリウム	シャンプー，リンスに配合
静菌剤防腐剤	パラオキシ安息香酸エステル類	化粧品や食品に添加

食品添加物は，一生毎日摂り続けても安全と考えられる量（**ADI**）が求められています．そして，必要に応じて使用できる食品や量が決められています．

③ 化学物質の阻害性と限界値例

分　類	化合物
各種窒素化合物	アセトアニリド，ジエタノールアミン，ジメチルアニリン，ヘキサメチレンテトラミンなど
アルデヒド類	ベンズアルデヒド，3-ヒドロキシシブタナールなど
ケトン類	ジエチルケトン，メチルイソチルケトン，アセトフェノンなど
エーテル類	ジメチルエーテル，ジエチルエーテル，イソアミルエーテル，ジオキサンなど
フェノール類	クレゾール，ピロガロール，ドーパミン，アドレナリン，ピクリン酸など
炭化水素	キシレン，ナフタレン，ベンゼン，四塩化炭素，クロロホルム，モノクロロベンゼンなど
炭水化物	α-セルロース，カルボキシメチルセルロースなど
重金属イオン	銅，ニッケル，亜鉛，鉛，クロムなどの金属錯塩
高濃度の塩分	10,000 mg/L以上のNaClなど
酸化性物質	次亜塩素酸ナトリウム，過酸化水素など

排水中のNaClは10,000 mg/L（EC：12,500 μS/cm）を超えると生物の増殖阻害物質として作用しはじめます．塩分濃度チェックのため電気伝導率も時々，測定します．

 用語解説 ADI：1日摂取許容量（Acceptable Daily Intake の略）．ヒトが生涯，毎日摂取しても安全と考えられる量．単位は mg/kg/day.

75 窒素の除去-富栄養化の一因となる物質

アンモニア態窒素，有機性窒素などを取り除く

生物学的処理はあらゆる窒素の形態に対応できる．

窒素の除去方法には4つの方法がある

Ⅰ **アンモニアストリッピング法**：塩化アンモニウム(NH_4Cl)などのアンモニウムイオン(NH_4^+)を含む水に水酸化ナトリウム($NaOH$)などのアルカリを加えてpH 11以上にするとNH_4^+がNH_3に変化します．この溶液を空気と接触させるとNH_3は大気中に放散されます．

Ⅱ **不連続点塩素処理法**：アンモニアや有機成分を含んだ排水に塩素を加えると，始めは有機物が先に塩素を消費するのでアンモニア濃度は変化しません．さらに塩素添加を続けると残留塩素は増加しながらアンモニア濃度は徐々に低下し始め，$Cl_2/NH_4-N＝9$倍くらいでほとんどゼロとなります．この一連の処理を「不連続点塩素処理法」とよびます．

Ⅲ **生物学的処理法**：アンモニアの酸化は右図②の式を経て行われます．

アンモニアの酸化で有機物が共存すると硝化菌は有機物の酸化を優先するのでアンモニアの酸化は後回しとなり，かなり時間を要します．

右図③は好気・嫌気法を組み合わせた脱窒素処理フローシートです．

(1)曝気槽では有機物の分解とアンモニアの酸化を行い，(2)脱窒素槽で硝酸を窒素に還元して除去します．(3)再曝気槽では脱窒素槽で過剰に加えた有機物をもう一度曝気して除去し，処理効率を向上させようとするものです．

Ⅳ **イオン交換法**：イオン交換樹脂やゼオライトなどのイオン交換体を使って窒素成分(NO_3)を吸着除去する方法です．

上水や地下水中に窒素が数十mg/L程度あり，これを処理して窒素を含まない飲料水や生産用水にする場合に有利な方法です．

- 生物学的脱窒素法は万能だが時間と場所が必要．
- 塩素と生物は有機物を先に酸化しアンモニアは後回し．
- イオン交換樹脂法は濃度の低い硝酸性窒素除去に最適．

① 窒素の除去方法

方　法	概　要	特　徴
I　アンモニアスト リッピング法	(1) pH を 11 以上に上げ NH_3 を大気放散 (2) NH_3 を触媒反応塔に通して酸化分解	(1) 処理プロセスが単純 (2) NH_3 による二次公害発生に注意
II　不連続点塩素処理法	アンモニアに塩素を作用させて酸化分解する	(1) 主に水道の NH_3 除去に使われる (2) 後工程によっては残留塩素の除去が必要
III　生物学的処理法	アンモニアは硝酸性窒素（NO_3−N）まで酸化し，その後，嫌気性菌の作用で窒素ガスに変換する	(1) あらゆる窒素に対応可能 (2) NH_3 は NO_3 に酸化してから脱窒素処理する
IV　イオン交換法	(1) イオン交換樹脂 (2) ゼオライトなどで NO_3 やアンモニアを吸着処理する	(1) 除去率が高い (2) 再生廃液が出る (3) 希薄溶液に有利

生物学的処理はあらゆる窒素成分の処理ができますが，生物反応のために時間がかかります．

② アンモニアの酸化とBODの関係

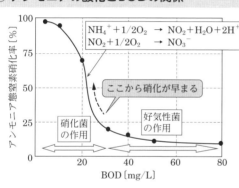

$$NH_4^+ + 1/2O_2 \rightarrow NO_2 + H_2O + 2H^+$$
$$NO_2 + 1/2O_2 \rightarrow NO_3^-$$

ここから硝化が早まる

硝化菌の作用　　好気性菌の作用

有機系排水中の**アンモニアの酸化速度**は BOD が 30 mg/L 以下になるあたりから早くなります．

③ 生物学的脱窒素処理フローシート例

(1) $C_6H_{12}O_6 + 6O_2 \rightarrow 6CO_2 + 6H_2O$　有機物の分解
$NH_4^+ \rightarrow NO_2 \rightarrow NO_3$　アンモニア酸化

(2) $NO_3 \rightarrow N_2$　硝酸の還元（脱窒素）

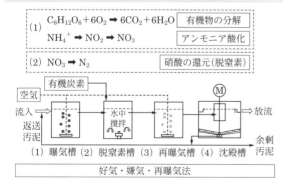

空気　有機炭素
流入　返送汚泥　→　水中攪拌　→　⇒放流　余剰汚泥
(1) 曝気槽　(2) 脱窒素槽　(3) 再曝気槽　(4) 沈殿槽
好気・嫌気・再曝気法

脱窒素菌は空気（酸素）を遮断すると，やむなく NO_3 中の酸素を取り込んで増殖しようとします．これにより，脱窒素が達成されます．

用語解説　**硝化菌**：好気性菌の一種．水中のアンモニア態窒素を硝酸性窒素に変える．
ゼオライト：結晶中に微細孔をもつアルミノ珪酸塩の総称．

76 活性汚泥法によるリンの除去

活性汚泥は好気性下ではリンを取り込み嫌気性下で放出

水中のリンは窒素とともに富栄養化の原因となるので除去する必要がある.

☽ 生物細胞にはリンが 1 % 含まれる

植物プランクトンは有機物がなくても,太陽光のもとで窒素,リンが存在すれば炭酸同化作用により新たな有機物を光合成します.生物細胞の組成は $C_{41}H_8O_{57}N_7P_1$ などからわかるように,細胞の中にリンが約 1 % 含まれています.したがって,湖沼や閉鎖海域の富栄養化の防止には有機物を除去しただけでは効果がありません.このように,水環境中のリンは窒素とともに水質汚濁の原因物質となるので排水処理で除去する必要があります.活性汚泥は**右図①**に示すように,好気的条件下ではリンを過剰に摂取し,嫌気的条件下ではリンを放出することが1965年に G.V.Levin, J.Shapino らによって指摘されました.

右図②は活性汚泥処理の嫌気,好気時のリンおよびCOD濃度の変化例です.図の嫌気工程では原水中の COD_{Cr} が嫌気性菌の作用によって,100〜20 mg/L 程度まで除去されます.これとは対照的に,汚泥からリンの放出が行われ,嫌気槽内のリン濃度は6〜20 mg/L に上昇します.嫌気工程を終えた処理水は続いて好気槽に移流し,急に好気条件にさらされると,今度は,水中のリンが急速に汚泥内に吸収され,20 mg/L あったものが1 mg/L 以下となります.

右図③は生物学的脱リン処理のフローシート例です.曝気槽の前に嫌気槽を配置し,原水中に有機成分が存在する状態で1.5〜3.0時間かけて返送汚泥中に含まれるリンを汚泥から放出させ,次いで曝気槽で3.0〜5.0時間かけて汚泥を好気状態にするとリンが急速に汚泥中に取り込まれます.これで原水中のT-Pは3〜6 mg/Lから1 mg/L 以下まで処理できます.

● 富栄養化防止には有機物を除去しただけでは効果なし.
● 生物細胞成分は有機物,窒素,リンで成り立っている.
● 脱リン設備の汚泥にはリンが多く含まれる.

① 嫌気性と好気性によるリンの変化

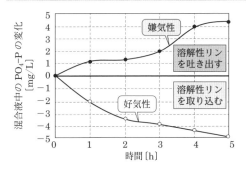

このグラフのように，微生物は**嫌気性**下でリンを吐き出し，**好気性**下でリンを取り込むという性質があります．

② 嫌気，好気時のリンおよびCODの変化

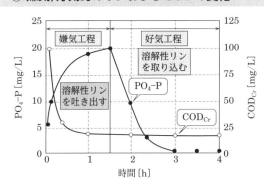

空気（酸素）のない反応槽と空気を吹き込む反応槽を連結して，そこに有機物（COD成分）とリンを含む排水を流せば，COD成分とリンが除去できます．

③ 生物学的脱リン処理のフローシート例

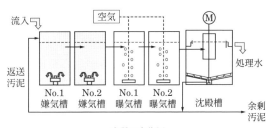

沈殿槽で沈降したスラッジの一部はNo.1嫌気槽に戻します．余剰汚泥は嫌気性にするとまたリンを「再放出」するので素早く脱水処理するのがポイントです．

水質の変化例

	原　水	嫌気槽	曝気槽	沈殿槽	処理水
滞留時間〔h〕		1.5～3.0	3.0～5.0	3.0～4.0	
BOD〔mg/L〕	100～120	20～30	< 10	< 10	< 10
T-P〔mg/L〕	3～6	< 1	< 1	< 1	< 1

用語解説 T-P：全リン，水に溶けているリンと浮遊固形物中のリンの総称．
富栄養化：有機物，窒素，リン濃度が上昇し，プランクトンが急増する現象．

77 真空脱水機 − 有機系汚泥に適する

真空脱水機は汚泥の前処理が必要

有機系の汚泥脱水に効果的で活性汚泥で発生した余剰汚泥の脱水に向いている.

主に自由水を分離する

　真空脱水機は**右図①**のように，回転ドラムの約30％を凝集処理した液に浸漬します．ドラムの外周には樹脂製のろ布が巻き付けてあり，ドラム内部を真空ポンプで負圧にします．ドラムをゆっくり回転すると凝集汚泥はろ布表面に吸い寄せられて付着・堆積ししだいに脱水されます．脱水された汚泥は脱水汚泥となって図の左にある汚泥ボックスに集められます．ろ布は連続的に回転するので汚泥剥離のための特別な操作はいりません．真空脱水機は有機系の汚泥脱水に効果的で，特に，活性汚泥処理で発生した余剰汚泥の脱水に向いています．

　水処理で発生した有機系汚泥のほとんどはそのままの状態では脱水できません．その理由は，汚泥中の粒子の形状，大きさ，密度，粘度，自由水や汚泥の内部水の比率などが複雑に影響しあって**粘性**を帯びているからです．このような難ろ過性汚泥の特性を改善するために次の前処理を行います．

(1) ろ過助剤の選定：汚泥中の微粒子，コロイド状物質を助剤(珪藻土，フライアッシュ，粉末活性炭など)に吸着させてろ過抵抗を減少させる.

(2) 凝集剤の添加：汚泥中の微粒子を凝集して粗大化することにより，ろ過抵抗を下げる方法で，現在，広く採用されています．凝集剤としては塩化第二鉄，消石灰などの無機系凝集剤と有機系の高分子凝集剤が用いられています.

　一例として活性汚泥処理の濃縮槽で濃縮した汚泥は凝集反応槽で凝集剤の塩化第二鉄液と消石灰を混入し脱水機に送り込みます．こうした前処理をしてから得られた脱水ケーキの含水率は約70〜85％です.

○ 真空脱水機は活性汚泥や有機汚泥の脱水に適している.
○ 有機系汚泥の真空脱水には前処理が欠かせない.
○ 塩化第二鉄と消石灰の組み合わせは有効な前処理剤.

① 真空脱水機フローシート

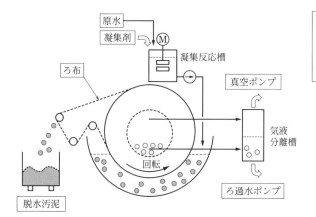

粘性のある生物処理後の汚泥は (1) ろ過助剤と (2) 高分子凝集剤を加えて前処理すれば,ろ過・脱水がうまく進みます.

② 真空脱水機のドラムとろ布の動き

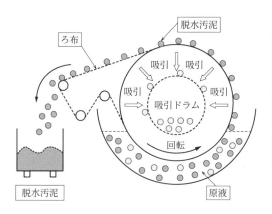

真空脱水機

用語解説 　**負圧**：マイナスの圧力．ストローで水を飲むのは口の中の負圧による.
消石灰：水酸化カルシウム [Ca(OH)$_2$] の俗称．生石灰（CaO）と区別してよぶ.

コラム❻　〜 富栄養化のしくみと対策 〜

　植物（葉緑素）は**下図左**のように，水，日光，二酸化炭素（CO_2）があれば**炭酸同化作用**により有機物（ブドウ糖，でんぷんなど）を合成し酸素もつくりだします．水面近くの水中植物も同様に有機物と酸素を生産しますが人為的に有機物汚染するとこのバランスが崩れ，酸素が優先的に消費されて溶存酸素不足となり水が腐敗します．

　富栄養化は**下図右**に示すように閉鎖性水域（湖，内湾など）で有機物，窒素，リンなどを含む栄養分濃度が増加し，夏になると水が停滞し発生します．

　平野部の浅い湖では，肥沃な土壌や人間活動によって植物の栄養となる有機物に加え，窒素，リンが流入してくるので大量の藻類が発生します．また，藻類の死骸が沈殿して堆積し，それが分解されるときに酸素を消費するので底層水の溶存酸素が欠乏します．

　プランクトンなどの生物細胞の組成は$C_{41}H_8O_{57}N_7P_1$からわかるように，細胞の中に有機物のほか窒素（N）とリン（P）を含んでいます[※]．したがって，富栄養化の防止には有機物（C, H, O）を除去しただけでは効果がありません．

　公共水域に放流する排水はBOD，CODなどの有機成分を除去するだけでなく窒素，リンの両方を除く対策が必要です．

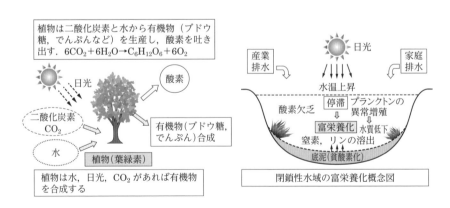

植物は二酸化炭素と水から有機物（ブドウ糖，でんぷんなど）を生産し，酸素を吐き出す． $6CO_2 + 6H_2O \rightarrow C_6H_{12}O_6 + 6O_2$

日光　酸素

二酸化炭素 CO_2

有機物（ブドウ糖，でんぷん）合成

水　植物（葉緑素）

植物は水，日光，CO_2 があれば有機物を合成する

産業排水　日光　家庭排水

水温上昇

酸素欠乏　停滞　プランクトンの異常増殖

富栄養化　水質低下

窒素，リンの溶出

底泥（貧酸素化）

閉鎖性水域の富栄養化概念図

※ 出典：Klausmeler C. A., Litchman E., Daufresne T., Levin S. A.: Optimal nitrogen-to-phosphorus stoichiometry of phytoplankton, *Nature*, 429, pp.111-114（2004）

7章

環境と命を守る水処理技術

　産業の発展，水需要の増加，水環境の悪化などにより，水有効利用の重要性と水処理技術への期待が高まっています．ここで紹介する「水のリサイクル」とは生産工程で一度使った排水を目的に見合った水質に改善し，繰り返し利用することです．

　水のリサイクルは処理薬品をできるだけ使わない単純な方法で目的に見合った再生水を得るようにします．処理薬品を使わなければ処理水中の塩分が増えないので再利用に向いているからです．

　本章では，水の有効利用に効果的な技術，資源の有効活用，新たな水環境汚染への対応技術など，重要性が高まる技術にスポットをあて解説します．

78 水のリサイクル−①RO膜の応用

適切な前処理をすれば排水のRO膜処理ができる

RO膜とイオン交換樹脂の組み合わせ処理は，重金属を含む排水のリサイクルに向いている．

☀ RO膜は溶解イオンの大半を分離できる

表面処理排水には重金属イオン，懸濁物，COD成分，シリカおよびカルシウムなどの汚濁物質が含まれています．従来，これらの排水は中和凝集沈殿法で処理し，公共水域に放流していました．処理水は塩分濃度が高いので再利用できませんでした．

表面処理排水を高度処理して再利用すれば，節水と環境保全の両方が実現します．そのためには(1) RO膜法(2)イオン交換樹脂法による脱塩，精製が考えられます．

右表①に表面処理排水の一例を示します．表の原水を直接イオン交換樹脂処理すると，脱塩水は多少回収できます．しかし，塩分濃度が高く樹脂がすぐに飽和に達するので実用的ではありません．これに対して，前段で**右図**②に示すRO膜処理を行えば溶解成分の大半が分離できます．図では，RO膜処理の前工程で砂ろ過，活性炭処理を行い，銅イオン，ニッケルイオンを含んだままでpH 5程度の弱酸性に調整してRO膜脱塩を行います．これにより，**右表**①に示す透過水が安定して得られます．この脱塩水をイオン交換樹脂装置でさらに精製すれば，pH 7.9，電気伝導率5 μS/cm程度の純水が安定して得られます．

ここでは**スパイラル式のRO膜**を使用しましたがスパイラル膜の内部は緻密な構造なので実際の使用にあたっては下記(ⅰ)〜(ⅲ)の注意が必要です．

(ⅰ) 原水は所定の濃度まで濃縮しても塩類が析出しないこと．

(ⅱ) 原水のFI値は少なくとも5以下とする．

(ⅲ) RO膜内の流速は懸濁物質が沈着しないように一定速度以上を確保すること．

- RO膜処理の適用は前処理が大切．
- RO膜の前処理で「高分子凝集剤」の使用は厳禁．
- 排水のRO膜処理では「膜洗浄回路」の設置が必要．

① 表面処理排水の一例

項　目	原水の水質	透過水の水質
pH	7.5	4.7
電気伝導率〔µS/cm〕	1,200	45
全溶解固形分〔mg/L〕	950	N.D
SS〔mg/L〕	40	N.D
Cu^{2+}〔mg/L〕	4	N.D
Ni^{2+}〔mg/L〕	20	N.D
Ca^{2+}〔mg/L〕	25	N.D
SiO_2〔mg/L〕	28	1.2
COD〔mg/L〕	30	0.9

透過水のpH低下は炭酸イオン透過の影響です。SiO_2 1.2 mg/L，電気伝導率45 µS/cmが残るのは膜の特性によるものです。

② 表面処理排水のRO膜処理によるリサイクル

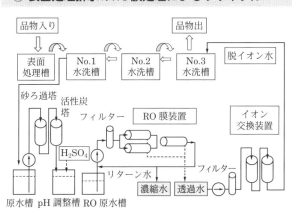

原水に少量の金属イオンがあっても砂ろ過，活性炭ろ過を行い，pH値を5付近に調整してRO膜処理をすれば，金属イオンは除去できます。

③ 表面処理排水のRO膜処理装置

写真は実際のRO膜装置と委託再生式イオン交換樹脂塔。
RO膜は8インチ膜9本，イオン交換樹脂塔は250 L。後方は**表面処理**設備。

用語解説 **表面処理**：金属製品などの表面に防食，装飾目的でめっき，塗装などを施す処理。
スパイラル式RO膜：平膜を「のり巻状」に加工したRO膜。

79 水のリサイクル−②イオン交換樹脂の応用

イオン交換樹脂は排水の再利用にも使用

表面処理工程から出る排水は，重金属イオンと塩分が一定範囲内であればイオン交換樹脂法によるリサイクルが可能である．

🌢 排水処理には適した樹脂がある

表面処理工程から排出される排水には塩分や重金属が含まれていますが塩分濃度が1,000 mg/L以下であればイオン交換樹脂による再利用の可能性があります．

右図①は銅，ニッケルなどの重金属イオンとシリカなどをイオン交換樹脂で除去する模式図です．原水の水質はpH 6.0，電気伝導率（EC：Electric Conductivity）600 μS/cmです．一例として，上記の排水をH型陽イオン交換樹脂塔とOH型陰イオン交換樹脂塔の順に直列に接続してゆっくり通水（SV 5）すると銅，ニッケルなどの陽イオンは樹脂に吸着し，その代わりに水素イオン（H^+）が放出されます．これにより，H型陽イオン塔出口水の水質はpH 2.7の酸性水，電気伝導率は620 μS/cmとなります．続いて，OH型陰イオン交換樹脂塔に通水するとpH 8.3，電気伝導率15 μS/cmの脱イオン水が得られます．ここでpH値が8.3とややアルカリを示すのは陽イオン交換樹脂からわずかにリークしたナトリウムイオンが陰イオン交換樹脂に吸着されず，陰イオン交換樹脂と作用してNaOHに変わったためです．排水処理に使うイオン交換樹脂は汚染に耐性のある**マクロポアー型**が適しています．

右図②は前記の実験結果に基づいて実用化した表面処理排水のリサイクルシステムです．飽和に達したイオン交換樹脂の再生は製造現場では行わず再生専門の工場へ運搬して再生する委託再生方式が工業規模で採用されています．

右図③は単床塔と混床塔の水質の違いです．**図③下**の混床塔の処理水質はpH 7付近で，電気伝導率の低い純水が回収できます．陽イオン樹脂と陰イオン樹脂を混合すると両方の樹脂塔を多段に重ねた樹脂塔で脱イオン処理したと考えられるので水質が向上します．

◎ 排水の種類によってはイオン交換樹脂法の適用が可能．
◎ 陽イオン塔＋陰イオン塔方式の脱塩水は微アルカリ性を示します．
◎ 委託再生式のイオン交換システムは現場での再生が不要．

① イオン交換樹脂による金属イオンの除去

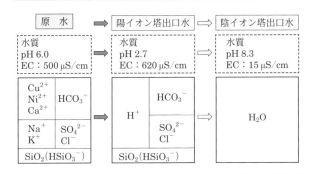

2価のクロム酸イオン（CrO_4^{2-}）は陽イオン交換樹脂塔を出るとpH 2.7となり，1価のイオン（$HCrO_4^-$）となります．

② イオン交換樹脂法による表面処理排水のリサイクル

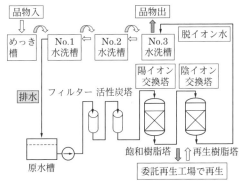

委託再生工場で再生

委託再生式イオン交換樹脂塔

③ 2塔式イオン交換塔と混合樹脂塔の水質の違い

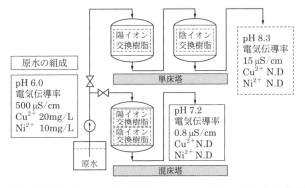

陽イオン交換樹脂と陰イオン交換樹脂を混合した「混床塔」の処理水は「単床塔」に比べて水質がよくなります．

用語解説 **イオン交換樹脂の分類**：イオン交換樹脂は単なる樹脂粒であるが化学的構造上の分類では透明な「ゲル型」と細孔の多い「マクロポアー型」に大別される．

80 水のリサイクル–③光オゾン酸化の活用

上水の高度処理や排水の高度処理に使用

　光オゾン酸化は化学薬品を使わないので，上水の高度処理や排水のリサイクルに適する．

☀ 光オゾン酸化は操作が簡単

　オゾンには酸化作用があります．右図①のように水中でオゾンに低圧紫外線ランプから発生する254 nmの紫外線を照射すると酸化力の強いヒドロキシルラジカル（OH・）が生成されます．一例として，TOC成分の1つとして知られるアルコールはヒドロキシルラジカルにより酸化されて，アルデヒドや酸を経て，最終的に二酸化炭素と水に分解します．この反応経路を右図②に示します．アルコールに限らず，有機物はアルデヒド→低分子の有機酸（酢酸）を経て二酸化炭素と水に分解します．これは人がお酒を飲んだときに，アルコール分を肝臓で分解し，アルデヒドや酸を経て二酸化炭素と水に変えるのとよく似ています．

　右表③は光オゾン酸化の用途についてまとめたものです．

　光オゾン酸化の特長は化学薬品を使わないで有機物を酸化，殺菌，脱色，脱臭できることです．これらのことから，光オゾン酸化は純水や超純水のTOC除去をはじめ，産業排水のリサイクルに至るまで幅広い範囲で使われています．光オゾン酸化といえどもいくつかの弱点があります．実用化に当たっては次の事項に注意します．

（1）対象液に濁りがあると光が透過せずヒドロキシルラジカルが生成しなくなり，酸化効果が低下します．

（2）オゾンの反応はpH値に依存します．実用的なpH範囲は6〜9の範囲です．

（3）炭酸イオン（CO_3^{2-}）や炭酸水素イオン（HCO_3^-）が共存するとヒドロキシルラジカルをムダに消費します．高濃度の有機物を処理すると反応末期には炭酸イオンが多く副生し酸化効率が低下します．

◎ 光オゾン酸化は化学薬品を使わないので操作が簡単．
◎ 光オゾン酸化は有害な二次副生成物ができない．
◎ 光オゾン酸化は高濃度の有機物酸化には向かない．

① 紫外線とオゾンによるヒドロキシルラジカルの生成

電源　廃オゾン
原水
紫外線ランプ　処理水
オゾン

$O_3 + UV → [O] + O_2$
$[O] + H_2O → 2OH·$
ヒドロキシルラジカル

オゾン発生器

ランプの点灯状態

UV オゾン酸化実験装置(左)とパイロットプラント(右)

② ヒドロキシルラジカルによるアルコール類の酸化

$$RCH_2OH + 2OH· → RCHO + 2H_2O \quad ……… (1)$$
$$RCHO + 2OH· → RCOOH + H_2O \quad ……… (2)$$
$$RCHO + [O] → RCOOH + [O]$$
アルデヒド　　　　　（R＝H の場合）
$$→ CO_2 + H_2O \quad …………… (3)$$

ヒドロキシルラジカルは有機物を酸化して，シュウ酸やギ酸などの低分子の有機酸を経て，最終的に二酸化炭素と水に分解します．

③ 光オゾン酸化処理の用途例

水の種類	用　途	処理内容
用　水	純水・超純水の処理	TOC 除去
	飲料水の処理	酸化，殺菌
	食品用水の処理	脱色，殺菌
	修景用水の処理	殺菌，藻類抑制，脱色
	プール水の処理	殺菌，COD・BOD 処理
	浴槽水の処理	殺菌，有機物処理，脱臭
排　水	産業排水処理	COD・BOD 処理，有機溶剤の処理
	めっき排水処理	シアン酸化
	染色排水処理	酸化，脱色
	排水のリサイクル	COD 酸化，脱色，TOC 除去

ヒドロキシルラジカルは酸化力が強いのですが，塩素と違ってすぐに消滅してしまうので絶えず補給する必要があります．

用語解説　**低圧紫外線ランプ**：発光スペクトル 185 ～ 254 nm で出力が 4 ～ 1,000 W と低く，水処理に使われる紫外線ランプ．

81 水のリサイクル−④シアン含有排水の再利用

UVオゾン酸化とイオン交換樹脂法の組み合わせが効果的

UVオゾン酸化は化学薬品を使わずにシアンを分解でき，処理水の塩分増加がないので再利用に適する．

☀ ヒドロキシルラジカルは塩素より酸化力が強い

シアンを無害化するアルカリ塩素法は化学薬品（水酸化ナトリウム，次亜塩素酸ナトリウム，硫酸など）をたくさん使うので，処理水中の塩分濃度が高く再利用には適しません．

これに対し，UVオゾン酸化は化学薬品を使わないでシアンを分解できるので，処理水の塩分増加がなく再利用に向いています．

右図①はシアン含有排水のUVオゾン酸化処理前と処理後の水を陽イオン交換樹脂と陰イオン交換樹脂に通水し，樹脂量の何倍の水が回収できるかを比較した事例です．UVオゾン酸化処理しないで直接イオン交換樹脂に通水すると樹脂量の40倍程度の回収率ですが，UVオゾン酸化処理すると回収率が樹脂量の90倍に増加します．

このように，UVオゾン酸化処理とイオン交換樹脂処理を組み合わせると脱イオン水が安定してたくさん回収できます．

右図②はUVオゾン酸化とイオン交換樹脂処理を組み合わせた実際のシアン含有排水のリサイクルフローシート例です．シアン含有排水はフィルターでろ過した後，UVオゾン酸化を行います．UVオゾン酸化処理水はもう一度ろ過した後，陽イオン交換樹脂塔と陰イオン交換樹脂塔の順に通水します．これにより，シアン含有排水は電気伝導率 $10\,\mu S/cm$ 程度の脱イオン水となるので水洗水としてリサイクルできます．

図のリサイクルシステムでは，飽和に達したイオン交換樹脂を再生専門の工場に運搬して再生する「委託再生」方式を採用しています．このようにすると，生産現場では樹脂再生の手間が省け，再生廃液やスラッジの発生がなくなります．

- UVオゾン酸化はシアンを容易に分解する．
- UVオゾン酸化とイオン交換樹脂法は相性がよい．
- UVオゾン酸化はイオン交換樹脂を長持ちさせる．

① UVオゾン酸化処理水のイオン交換樹脂処理

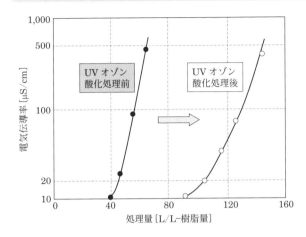

紫外線 (UV) とオゾンによる UV オゾン酸化は化学薬品を使わないので，イオン交換樹脂に負荷がかかりません．

② UVオゾン酸化とイオン交換樹脂法によるシアン排水の再利用装置

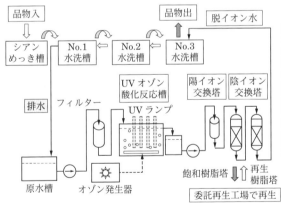

委託再生式イオン交換装置例

 用語解説 **UV**：Ultraviolet (紫外線) は波長が 10 ～ 400 nm の光．可視光線より短く X 線より長い電磁波．UV の用途に水の殺菌，消毒，OH ラジカル発生源などがある．

82 水のリサイクル-⑤3価クロム化成処理排水

UVオゾン酸化とイオン交換樹脂処理の組み合わせにより，3価クロム化成処理排水のリサイクルができる．

⚫ クロム(Ⅲ)錯体は安定している

3価クロム化成処理液はクロム(Ⅲ)錯体を形成するために必要な有機キレート剤や塩類などが多量に配合されています．したがって，3価クロム化成処理排水を処理するには従来法による6価クロム排水の処理法では対応しきれません．そこで，3価クロムと有機キレート成分をUVオゾン酸化処理して，6価クロムにするとともに有機物の除去を試み，この処理水をイオン交換樹脂で脱塩処理します※．

右図①は有機系3価クロム化成処理排水をオゾン単独酸化とUVオゾン酸化で処理してクロム濃度（Cr^{3+}，Cr^{6+}）を測定した結果例です．オゾン単独で処理するとCr^{3+}濃度（初期濃度170 mg/L）は4時間後に15 mg/Lとなり，Cr^{6+}濃度は145 mg/Lとなりました．一方，UVオゾン酸化処理では3時間後にはほとんどのCr^{3+}がCr^{6+}に変換しました．**右図②**は上図と同じ条件で処理し，COD，TOCを測定した結果例です．オゾン単独で酸化処理するとCODは4時間後に37 mg/Lとなり，TOCは25 mg/Lとなりました．これに対してUVオゾン酸化処理では4時間後にCOD，TOCともに5 mg/L以下となりました．本実験結果から，有機系3価クロム化成処理排水はUVオゾン酸化を行えばCr^{3+}がCr^{6+}に変換し，COD，TOC成分は分解できることが確認できました．次いで，酸化処理水を陽イオン交換樹脂塔と陰イオン交換樹脂塔の順に通水すると電気伝導率10 μS/cm程度の脱イオン水が安定して得られました．**右図③**は上記の検討結果に基づいて考案した3価クロム化成処理排水の再利用フローシートです．

樹脂から溶離したクロムは精製すればクロム酸塩の原料として再資源化できます．

- UVオゾン酸化は3価クロムを6価クロムに変える．
- UVオゾン酸化はクロム(Ⅲ)錯体を分解できる．
- UVオゾン酸化＋イオン交換樹脂法で3価クロム化成処理排水はリサイクルできる．

※ 出典：和田洋六，表面技術，Vol.60，No.5，pp.318-323（2009）

① UVオゾン酸化による3価クロムの酸化

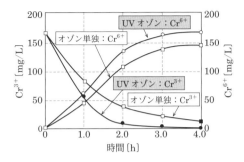

オゾン単独酸化に比べて UVオゾン酸化は3価クロムの酸化速度が2倍くらい速くなります.

② UVオゾン酸化によるCOD, TOCの酸化

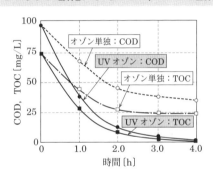

オゾン単独酸化に比べて UVオゾン酸化はCOD, TOCともに酸化速度が2倍くらい速くなります.

③ UVオゾン酸化とイオン交換法による3価クロム化成処理排水の再利用

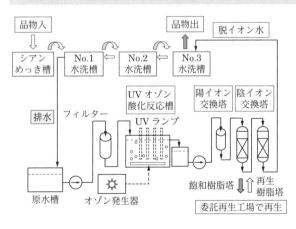

飽和に達したイオン交換樹脂は生産現場では再生しないで,再生専門の工場に集めて再生する「委託再生システム」を採用しています.

用語解説 **3価クロム化成処理液**:水に溶けにくいクロム(Ⅲ)塩に有機キレート剤や塩類を加えて,錯体にした処理液. 安定なので通常の排水処理法では処理しにくい.

83 再資源化−①めっきで多用されるニッケル

イオン交換樹脂法で回収したニッケルの純度は高い

ここでは，無電解ニッケルめっき廃液からイオン交換樹脂法でニッケルを回収する方法について解説する．

☀ 無電解ニッケルめっき廃液は安定

ニッケルは耐食性があり機械的性質が強いなどの特性をもっていますが，価格が高いので一般用機械の素材としてはあまり用いられていません．そこで鉄，亜鉛，銅などの安価な金属材料の上に被覆するニッケルめっきが盛んになりました．ニッケルめっきには(1)電気ニッケルめっき(2)無電解ニッケルめっきの二つの方法があります．

(1)および(2)の使用済みニッケルめっき廃液は委託を受けた専門業者により処理されていますがニッケルのリサイクルが行われているケースは限られています．ここでは(2)の無電解ニッケルめっき廃液からニッケルを回収する方法について説明します．

無電解ニッケルめっき廃液には，ニッケル塩類，還元剤(次亜リン酸ナトリウム)，緩衝剤，錯化剤(有機酸など)が混在しています．したがって，この中からニッケルを選んで分離するのはなかなか困難ですが，ニッケルを選択的に吸着するイオン交換樹脂を使えばニッケルの回収・分離ができます．

右図①はニッケル選択吸着樹脂のpHとニッケル吸着量の関係例です．

pH 5以上で無電解ニッケルめっき廃液を樹脂に通すと1 Lの樹脂におよそ23 gのニッケルが吸着します．吸着したニッケルは10％硫酸で洗浄すれば溶離・回収できます．**右図**②はニッケル回収装置のフローシート例です．

廃液はNo.1塔，No.2塔の順に直列に通液し，ニッケルが先に飽和したNo.1塔に再生剤を流してニッケルを溶離させ，スラッジ化槽に貯めます．ニッケルスラッジ化槽ではアルカリを加えて水酸化ニッケルを析出させた後，これをフィルタープレスで脱水して再生ニッケルスラッジとして回収します．

- イオン交換によるニッケル回収pHは5以上がよい．
- イオン交換法による回収ニッケルの純度は95％以上．
- ニッケル分離除去後の廃液は，別途，酸化→凝集沈殿処理が必要．

① キレート樹脂によるニッケル吸着量とpHの関係例

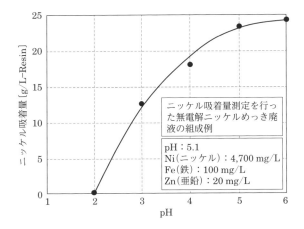

キレート樹脂は混合液の中から特定の金属を選んで吸着分離できます.

ニッケル吸着量測定を行った無電解ニッケルめっき廃液の組成例

pH：5.1
Ni（ニッケル）：4,700 mg/L
Fe（鉄）：100 mg/L
Zn（亜鉛）：20 mg/L

② キレート樹脂によるニッケル回収装置のフローシート

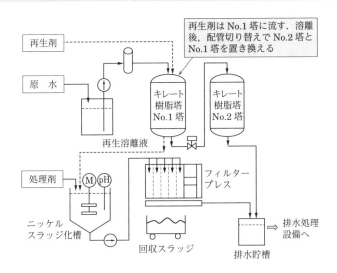

再生剤は No.1 塔に流す. 溶離後, 配管切り替えで No.2 塔と No.1 塔を置き換える

用語解説 **無電解ニッケルめっき**：電気を使わないニッケルめっき方法. 廃液には有機酸, キレート剤, 還元剤が多く含まれるので, 排水処理が難しい.

84 再資源化-②用途が広いクロム

クロムの回収はイオン交換樹脂法が適切

表面処理排水や汚染地下水などに含まれる6価クロム(Cr^{6+})はイオン交換樹脂で吸着分離できる.

⏻ クロムは貴重な鉱物資源

表面処理排水や汚染地下水などに含まれるクロム(Cr^{6+})はイオン交換樹脂で吸着分離できます. イオン交換樹脂で脱塩した処理水は再利用できるうえに樹脂に吸着したクロム(Cr^{6+})は溶離して精製すれば再資源化できます. 陰イオン交換樹脂に吸着したCr^{6+}は, 従来法では水酸化ナトリウム(NaOH)溶液で洗浄すれば容易に回収できるはずですが実際の排水では10% NaOH溶液で洗浄しても溶離率は55%程度です. そこで, いくつかの改善手段について検討したところ, **右図①**に示す結果を得ました.

図によれば, 陰イオン交換樹脂塔に5% HClを通液し, 次いで, 7% NaOH溶液をゆっくり(SV 3)流すと溶離率は90%まで増加します. しかし, ここで塩化物イオン(Cl^-)の残留が問題となります. クロム酸塩メーカーの見解では, 塩化物イオンの混在はクロム再資源化の障害となるそうです. そこで, 種々検討した結果, **右図②**に示すように陰イオン交換樹脂の溶離廃液をもう一度陰イオン交換樹脂に飽和するまで吸着させ, この樹脂を希薄な炭酸ナトリウム(Na_2CO_3)溶液で洗浄してみました. その結果, クロム回収の障害となるCl^-の大半が分離できました.

右図③(上段)は樹脂塔(1)(2)(3)(4)の順にクロム含有廃液を流す模式図です. 通液最終時には(4)を残して他の塔はクロムで飽和となります. クロムを回収するときは**下段**のように(4)を外し, 接続を切り替えて(1)(2)(3)の塔に並行して溶離薬品を流します.

これにより, 濃度の高いクロム酸(CrO_3)が回収できました. この溶離液はクロム塩類の原料として再資源化できます.

- ⊙ クロムは貴重な鉱物資源.
- ⊙ 希薄な炭酸ナトリウム溶液はCl^-イオンを優先して押し出す.
- ⊙ イオン交換樹脂法で8〜9%のクロム酸が回収できる.

① イオン交換法によるクロムの再資源化

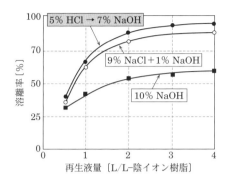

陰イオン交換樹脂を塩酸で洗浄した後，水酸化ナトリウム溶液で洗浄すると樹脂に吸着したクロムは90%くらい溶離できます．

② Cr⁶⁺とCl⁻を吸着した樹脂からCl⁻を選択して押し出す方法

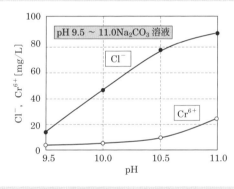

クロムと塩化物イオン（Cl⁻）を吸着した樹脂をpH 10.5の炭酸ナトリウム溶液で洗浄するとCl⁻の大半が分離できます．

③ イオン交換樹脂からクロムを効率よく回収する方法

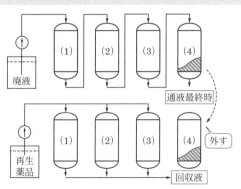

イオン交換樹脂塔の通液では先端(1)から飽和になり，一番うしろの(4)が未吸着部分として残ります．回収は(4)を外して(1)(2)(3)の飽和部分を選んで行うので効率がよくなります．

用語解説　**クロム酸塩**：酸と塩基が混合すると中和されて「塩」が生成する．一例として，クロム酸を水酸化ナトリウムで中和するとクロム酸ナトリウム塩となる．

85 具体例-①表面処理排水のリサイクル

減圧蒸留と膜分離の組み合わせはリサイクルに最適

表面処理(めっき，プリント基板など)排水の再利用は段階的に処理するのが有利である.

☀ 減圧蒸留は原理が単純で処理が確実

表面処理工場ではいつも同じ製品を扱っているとは限らないので排水の組成は常に変化しています．表面処理の排水処理では，酸，アルカリ，酸化剤，還元剤，凝集剤など，多くの薬品を使用します．そのため，処理水中の塩分濃度が増え再利用できません．

右図①は廃液AとBを混合して，これに処理剤AとBを加えて反応槽で処理し，全量をろ過脱水するフローシート例です．廃液の性状に応じて，酸化，還元，中和などの処理をしたのち，重金属イオンを水酸化物として析出させ，脱水機でろ過脱水します．さらに，処理水は高度処理すれば再利用できます．しかし，塩分濃度が高い場合は再利用できません．

右図②は廃液を一次処理し，次いで，(1)減圧蒸留(2)UVオゾン酸化(3)UF膜ろ過(4)RO膜処理して，透過水をリサイクルする装置のフローシート例です．

この装置で処理するとRO透過水は電気伝導率 $10\,\mu S/cm$ 以下となるので再利用できます．濃縮水は建設骨材の一部に再資源化されています※.

右写真③は実際の装置の一部です．一次処理水にはカルシウムなどの塩分が多く含まれますが水は減圧蒸留すれば分離できます．蒸留水はUF膜ろ過した後，2段RO膜処理すると水道水よりよい水が安定して回収できます．この処理水は実際に生産工程の水洗水やイオン交換樹脂再生の水洗水として再利用されています．このように段階的に処理すると，いろいろな成分が混在している塩分濃度の高い廃液でも再利用できます．

- ○ 減圧蒸留すると塩分が確実に分離できる.
- ○ UF膜ろ過はRO膜脱塩の前処理に有効な手段.
- ○ UF膜＋RO膜処理した水は水道水より水質がよい.

※ 出典：和田洋六ほか，化学工学論文集，Vol.37，No.5，pp.563〜569（2011）

① 表面処理排水の一次処理フローシート例

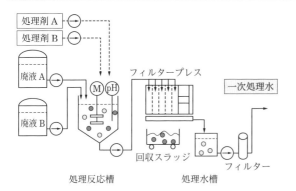

表面処理排水の処理では，酸，アルカリ，無機系凝集剤など多くの化学薬品を使うので一次処理水の塩分が増加します．

② 表面処理排水のリサイクルフローシート例

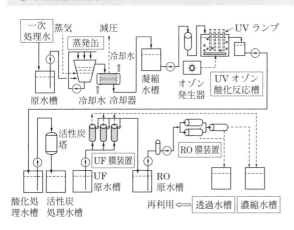

一次処理水にカルシウム成分が多く含まれる場合は，炭酸ナトリウムで処理するとカルシウム分が析出するので蒸留工程がうまく進みます．

③ 減圧蒸留装置とUF膜＋RO膜装置による排水のリサイクル設備

減圧蒸留装置

UF膜＋RO膜装置

UF膜（0.001μm）ろ過水を低圧RO膜で脱塩し，次いで高圧RO膜処理します．この2段処理により，微量のTOC，有機物なども分離できます．

用語解説	**減圧蒸留**：圧力を下げて蒸留すること，減圧すると水は100℃以下で沸騰する．これにより，重金属成分は確実に分離できる．

86 具体例−②食品工場の排水処理

食品工場排水は有機物（BOD）と油分が多い

食品工場排水の特徴は，生産内容によって，水量，水質が大きく変わり，腐敗しやすいことである．

☀ 食品工場排水は腐敗しやすい

食品工場排水は有機物や油分を多く含むので，その排水を無処理で河川や海などの公共水域に排出すると富栄養化したり貧酸素状態になります．このため，油分が多いときには油分を先に除去し，次に生物処理で有機物（BOD）を減少させるのが通常の手段です．食品工場排水の特徴は生産内容によって水量，水質が大きく変わり，腐敗しやすいことです．

右図①は主な食品加工場排水の種類とその内訳です．どの食品排水にも共通しているのは，油分とBOD値が高く環境負荷の高い排水が排出されることです．

右図②は弁当，給食，惣菜をつくる工場の排水処理フローシート例です．

このように多品種を扱う食品工場の排水は，有機物，塩分，油脂分，米のとぎ汁など，実に変化に富んでいます．

排水の水質は一例として，BOD 1,000 mg/L，COD 400 mg/L，SS 250 mg/L，Nヘキサン抽出物質50 mg/L程度です．これらの排水は図に示す上段の(1)グリストラップと(2)加圧浮上分離槽で油分，濁質成分を除去します．次いで，図下段の(3)生物処理工程（嫌気→好気処理）でBOD成分を除去します．これにより，BOD 15 mg/L，COD 25 mg/L，SS 20 mg/L以下，Nヘキサン抽出物質5 mg/L以下となります．

ここで注意されたいことは(1)油分の除去と(2)生物処理工程での流量定常化です．食品加工工場のグリストラップ設置は建設省告示（第1674号）で義務付けられています．生物処理における流量定常化は流量調整槽を大きくすれば確保できます．

- 食品工場排水の成分，水量は変動が激しい．
- 食品工場排水の処理は油分除去と生物処理が基本．
- 生物処理では水量，水質を定常化することが重要．

① 食品工場排水の種類と内訳

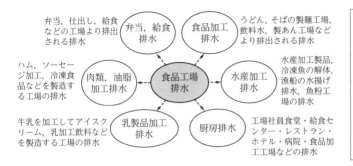

弁当，仕出し，給食などの工場より排出される排水

ハム，ソーセージ加工，冷凍食品などを製造する工場の排水

牛乳を加工してアイスクリーム，乳加工飲料などを製造する工場の排水

弁当，給食排水

食品加工排水

肉類，油脂加工排水

食品工場排水

水産加工排水

乳製品加工排水

厨房排水

うどん，そばの製麺工場，飲料水，製あん工場などより排出される排水

水産加工製品，冷凍魚の解体，漁船の水揚げ排水，魚粉工場の排水

工場社員食堂・給食センター・レストラン・ホテル・病院・食品加工工場などの排水

食品工場排水の種類によっては，多量の塩分，調味液，殺菌剤，静菌剤などが含まれることがあります．BOD，油分以外にも事前によく調査しておく必要があります．

② 食品工場排水（弁当, 惣菜など）の処理フローシート例

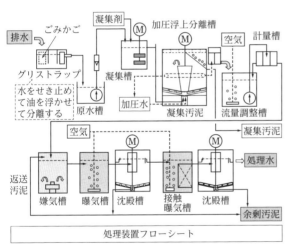

排水　ごみかご

グリストラップ

水をせき止めて油を浮かせて分離する

凝集剤　加圧浮上分離槽　空気　計量槽

凝集槽

原水槽　加圧水　凝集汚泥　流量調整槽

空気　凝集汚泥

返送汚泥

嫌気槽　曝気槽　沈殿槽　接触曝気槽　沈殿槽　処理水

余剰汚泥

処理装置フローシート

加圧浮上装置(上)と生物処理装置(下)

装置全体の写真

用語解説　**Ｎヘキサン抽出物質**：有機溶剤の「ノルマルヘキサン」で抽出した物質．鉱物油，動・植物油，有機物などが抽出される．

87 化学工業で用いる 1, 4 ジオキサンの処理

新たな有害物質に指定された 1, 4 ジオキサン

1, 4 ジオキサンは凝集沈殿や通常の活性汚泥法では処理できない.

● 1, 4 ジオキサンは優れた水溶性溶剤

1, 4 ジオキサンは無色透明の液体(沸点101℃)で,水とよく混合する有機溶剤です.塗料やセルロースなどの溶剤,有機溶剤の安定剤など幅広く使用されています.

1, 4 ジオキサンは発がん性などの健康被害への影響が懸念されているため,環境省は2009年11月,環境基準を0.05 mg/Lに設定しました.また,2012年5月には排水基準を0.5 mg/Lと定めました.1, 4 ジオキサンの処理は,従来法の凝集沈殿,加圧浮上のような物理化学的処理や,通常の活性汚泥法では,除去しきれません.

現在,有力な処理方法として(1) ジオキサン分解菌を用いた生物処理法, (2) AOP処理法(UVオゾン酸化法)などがあります.

(1) **ジオキサン分解菌による生物処理法**:生物処理槽の中に1, 4 ジオキサン分解菌を固定化した担体を投入して処理するというもので,完全には分解しきれませんが,大部分のジオキサンを生物分解します.

(2) **酸化による処理**:1, 4 ジオキサンはAOP処理法(UVオゾン酸化)で分解できます.

1, 4 ジオキサンは右図②のように100 mg/Lの濃度でもCOD$_{(Mn)}$は3 mg/L程度です.ところが,オゾンと紫外線によるAOP処理を行うとCOD値がいったん,60 mg/Lに上昇し,やがて低下します.pHはいったん下がり,その後,上昇します.これは,1, 4 ジオキサンが右図①のようにエチレングリコールを経て,低分子の有機酸に酸化され,やがて二酸化炭素と水に分解した結果と思われます[※].

これらのことから,低濃度で排水量が多い場合は右図③のように(1) 生物処理と(2) AOPの組み合わせ処理が有効です.濃度が低く水量が少ない場合はAOP法(UV + オゾンの適用)が効果的です.

- ○ 1, 4 ジオキサンの処理には(1) UV+オゾンまたは(2)オゾン+過酸化水素が効果的.
- ○ 1, 4 ジオキサンは100 mg/L溶液でもCOD$_{(Mn)}$が3 mg/Lしかないので検知しにくい.
- ○ 1, 4 ジオキサンの排水基準は0.5 mg/Lに設定.

※ 出典:和田洋六ほか,表面技術,Vol.64, No.3, pp.185 ~ 189(2013)

① 1,4ジオキサンの分解経路

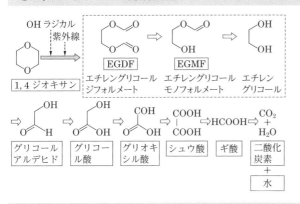

1,4ジオキサンは紫外線やヒドロキシルラジカルに接触するとグリコール類に分解します．次いで，有機酸を経て二酸化炭素と水に分解します．

② 1,4ジオキサンのUVオゾン酸化処理例

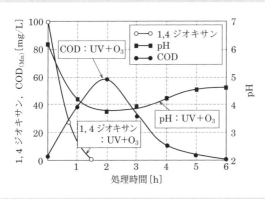

1,4ジオキサンは化学的に安定なため100 mg/LでもCOD$_{(Mn)}$としては3 mg/L程度です．AOPで酸化するとグリコール類に分解してCOD$_{(Mn)}$として計測されるようになります．

③ 1,4ジオキサン含有排水の処理フローシート例

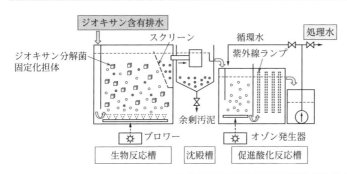

1,4ジオキサン分解菌はジオキサンを完全には分解できませんが，AOP処理と組み合わせれば，ほとんど除去できます．

用語解説 **1,4ジオキサン**：国際がん研究機構(IARC)がGroup 2B(ヒトに対して発がん性があるかもしれない)に分類するなど，その毒性が指摘されている．

88 天然の蒸留水，雨水の利用

降り始めの 2.0 mm 以降の雨は水道水よりきれい

雨水は簡単な沈殿，ろ過により雑用水として使える．

☀ 雨は天然の蒸留水

日本の年間平均降雨量は約1,750 mmで世界平均降雨量約970 mmの2倍もあります．

しかし，狭い国土のわりに人口が多く，1人あたりの平均降水量は世界平均の1/6程度で決して豊富とはいえません．雨水は天然の蒸留水なので降り始めの汚れた部分を除けば簡単なろ過程度の処理で雑用水（トイレ水洗水，散水用水など）として使えます．

右表①は雨水流出水の水質測定結果例です．

降り始めて2.0 mm以降の雨になると，電気伝導率2.9 mS/m，過マンガン酸カリウム（$KMnO_4$）消費量ゼロとなり，水道水よりもきれいな水です．**表の数値**より，雨が降り始めから0.5 mmの初期雨水を除外すればおおむね水質がよくなります．ちなみに，集水面積50 m²（15坪）の屋根に降った雨が0.5 mmであれば25 Lの水となります．

右図②は初期雨水排除装置と雨水タンク例です．屋根で集めた雨水はゴミ受けカゴで落ち葉などの大きなゴミを除いて25 L程度の容器に貯留します．この雨水は降り始めで汚染されているので満水になったら捨てます．それ以後の雨水はきれいなので雨水タンクに貯留して雑用水として利用します．雨水は降り始めの0.5 mmを除けば水質がよいので浄化のための特別な処理は不要です．

右図③は雨水の標準処理フローシートです．

主な設備は（Ⅰ）スクリーン（Ⅱ）沈砂槽（Ⅲ）沈殿槽（Ⅳ）ストレーナー（Ⅴ）ろ過装置（Ⅵ）消毒槽の組み合わせで構成されています．トイレや散水は水道水ほど良質の水でなくてもよいので節水のために雨水利用を勧めます．

- ◎ 日本の年間平均降雨量は世界平均の約2倍もある．
- ◎ 雨水は簡単なろ過程度の処理で雑用水として使える．
- ◎ 50 m²（約15坪）の屋根に降った0.5 mmの雨は25 L．

① 雨水の水質測定結果例

分取採水 〔mm〕	pH (ー)	濁 度 〔度〕	電気伝導率 〔mS/m〕	過マンガン酸 カリウム消費量 〔mg/L〕	硝酸性窒素 〔mg/L〕	全硬度 〔mg/L〕
0 ～ 0.5	7.20	22	46.3	9.46	6.0	191.2
0.5 ～ 1.0	7.45	7	11.1	2.58	1.7	37.4
1.0 ～ 1.5	7.59	8	11.2	3.16	1.7	41.4
1.5 ～ 2.0	7.78	2	2.9	0.00	0.3	19.4
2.0 ～ 2.5	7.51	2	2.2	0.00	0.2	7.4
2.5 ～ 3.0	7.35	1	1.9	0.00	0.2	5.4

降り始めの 0.5 mm
までの雨が汚染され
ているのは，屋根の
汚れや大気中の排気
ガスなどが水に混ざ
り込んだためです．

備考：(1) 採水日，1986 年 9 月 2 日，東京都葛飾区
　　　(2) 無降水時間，261 時間

② 初期雨水の排除装置例

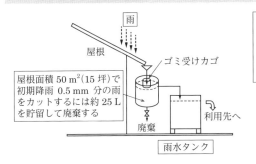

屋根面積 50 m²(15 坪)で
初期降雨 0.5 mm 分の雨
をカットするには約 25 L
を貯留して廃棄する

雨水は降り始めの0.5 mmを除けば急速
に水質がよくなります．まさに天然の蒸
留水です．雨水タンクは市販されている
ので有効活用すれば節水となります．

③ 雨水の標準処理フローシート

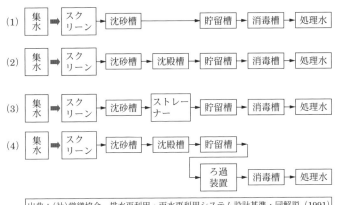

雨水は簡単なスク
リーンで落ち葉や
ごみを除き，次い
で，砂や埃を沈め
れば消毒しなくて
も散水，植物の水
やりに十分使えま
す．

出典：(社)営繕協会，排水再利用・雨水再利用システム設計基準・同解説（1991）

用語解説　**スクリーン**：水中のごみや異物を除去する網状または格子状のろ過装置．
　　　　　ストレーナー：ポンプの吸込み口や配管の流路に設けて異物を捕捉する装置．

89 中水道−節水と水資源有効利用に効果

水資源の有効利用と水環境保全に貢献

「中水道」は「上水道と下水道の中間」という意味の用語で，その利用は水道水の消費量を減らす．

💧 水道水ほど厳密ではない水質

飲用や炊事などに使用する水を上水とよび，汚水や雑排水を下水とよんでいます．これに対して，洗面・手洗いなどの雑排水を再処理し，便器洗浄水などに再利用しようというのが中水道です．中水道には以下の長所があります．

(1) 水道水（上水）の使用量を減らすので慢性的な水不足対策となる．

(2) 排水量が減り，下水道の負担も軽減され河川，湖沼などの水質保全にも役に立つ．

(3) 節水型都市を目指している東京都のように水資源の有効利用に好ましい影響を与える．

(4) 非常時の防災用水確保ができる．

中水道水の主な用途は，水洗，散水，修景用などです．中水の水質は**右表①**（建設省設定）に示すように水道水ほど厳密ではありません．

中水は人体に触れることがあるので，外観，臭気が不快でなく，大腸菌が不検出で残留塩素があればほぼ使用条件を満たします．

右図②は事務所ビルから排出される雑排水の再利用設備フローシート例です．装置は(1)スクリーン(2)流量調整槽(3)計量槽(4)膜分離活性汚泥槽(MBR)(5)活性炭塔(6)中水貯槽で構成されています．**図の装置の流れ**で処理するとBOD 200 mg/L，COD 150 mg/L，SS 100 mg/L，Nヘキサン抽出物質50 mg/Lの汚濁排水がBOD 5 mg/L，COD 7 mg/L，SS 3 mg/L以下，Nヘキサン抽出物質5 mg/L以下となるので，トイレ便器の水洗水，散水用水，修景用水として再利用できます．

○ 便器の流し水に飲料水を使うのはムダ．
○ 油汚染のない雑排水は生物処理すれば再利用可能．
○ 中水道システムは大規模ビルや地域採用が有利．

① 中水の水質

	項　目	水洗用水 [1]	散水用水 [1]	修景用水 [2]
基準水質	大腸菌群数〔個/mL〕	10以下	検出されないこと	100個/100mL以下
	残留塩素（結合）〔mg/L〕	保持されていること	0.4以下	
目標水質	外観	不快でないこと	不快でないこと	
	濁度	—	—	10度以下
	BOD〔mg/L〕	—	—	10mg/L以下
	臭気	不快でないこと	不快でないこと	不快でないこと
	pH	5.8～8.6	5.8～8.6	5.8～8.6
	色度			40度以下

1）昭和56年3月（建設省）　　2）平成2年3月（建設省）

中水は循環使用しているうちにしだいに汚れてきます．循環水はごみ取りや砂ろ過などを行い，噴水やエアレーションなどをすれば常に清浄な中水として活用できます．継続的なメンテナンスが重要です．

② 雑排水の再利用設備フローシート例

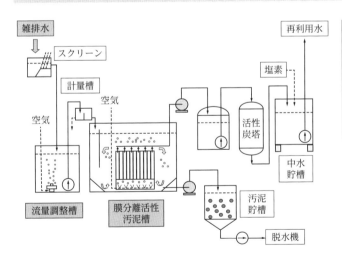

大都市や大型建築物の中水道例として，（1）東京ドーム（雨水のろ過利用），（2）幕張新都心（雑排水の砂ろ過＋オゾン処理）で再利用が行われています．

用語解説 **残留塩素**：水道水の中に残すことが必要な塩素で，水に含まれる物質に対する殺菌や酸化反応に有効に作用し得る塩素化合物のことを指す．

191

90 日本の環境規制と今後の動向

今後の環境問題は水生生物の保護と難分解物質の処理が課題

環境省と経済産業省は新たな環境規制物質の処理方法を検討中.

⚙ 排水処理は分別収集がポイント

　従来の**環境基準**と**排水基準**は我々人間が排出する汚染物質に対して規制値が決められてきました．これからの環境規制は右図①に示すように**水生生物の保護**や新たな**化学物質規制**など，地球環境全体を配慮する時代となります．一例として，亜鉛は人体にとって必須の元素ですが，カゲロウやカワゲラなどの水生生物には0.03 mg/Lを超えると生息できる種が急減します．これらの調査結果から亜鉛の**環境基準**は0.03 mg/Lとなりました．**排水基準**はこれまで環境基準の10倍とされてきたので，本来ならば0.3 mg/Lとなるはずです．しかし，これでは実際の排水処理が困難なので産業界，学会，関係官庁で協議した結果，それまでの5〜2 mg/Lに落ち着いたという経緯があります．2007年7月，環境省は水質汚濁防止法における，ふっ素，ほう素，硝酸性窒素，亜硝酸性窒素の暫定排出基準を適用している業種の見直しを行いました．その結果，5業種が暫定基準を達成しましたが右図②のようにさらに延長となった業界があります．見直しの対象業種，規制値は今後も変更されます．

● 混合排液（シアン，クロム，重金属）を含む表面処理排水の処理

　表面処理工場からの排水にはシアン，クロム，酸・アルカリ系排水が単独または混合状態で排出されます．この場合は右図③に示すようにそれぞれの排水を分別収集し，クロム系は還元処理，シアン系はアルカリ塩素酸化した後，2槽に分けた酸・アルカリ系処理ライン（No.1およびNo.2 pH調整槽）に送液します．ここで注意するのはクロム系還元処理水とシアン系酸化処理水を1つのpH調整槽に合流させないことです．シアン酸化処理水は塩素過剰で酸化雰囲気になっているのでここにクロム還元処理水が混合するとせっかく3価に還元したクロムが元の6価に戻ってしまいクロムリークが発生します．

○ 水生生物は亜鉛に弱い.
○ 亜鉛, 1,4ジオキサンの排水基準には暫定基準適用業種がある.
○ 難分解性物質を含む排水は化学的に安定しているので排水処理が難しい.

① 今後の環境規制の動向

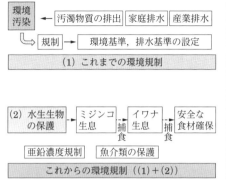

	環境基準	排水基準
内容	河川，湖沼，海域など「公共水域の水質」について定めた基準	工場や事業所などから「排出される排水の水質」について定めた基準
要旨	(1) 2003年：水生生物保全の観点から全亜鉛に関する環境基準 (0.03 mg/L) が設定された (2) 2009年：ジオキサンに関する環境基準 (0.05 mg/L) が設定された	(1) 排水は公共水域に放出されると10倍以上に希釈されるとの観点から排水基準は環境基準の10倍が目安となっている (2) 2006年：全亜鉛の排水基準 2mg/L が施行された (3) 2011年：ジオキサンの排水基準 0.5mg/L が設定された

② 暫定排水基準（2021年3月現在）の規制動向と亜鉛のEPT種数

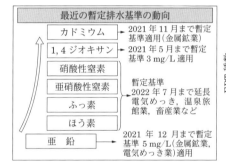

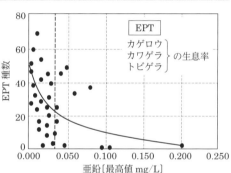

③ 混合排液（クロム，シアン，重金属）の処理フローシート例

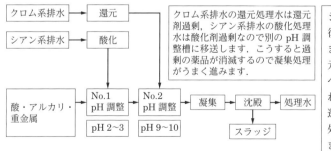

クロム系排水の還元処理水は還元剤過剰，シアン系排水の酸化処理水は酸化剤過剰なので別の pH 調整槽に移送します．こうすると過剰の薬品が消滅するので凝集処理がうまく進みます．

シアン系排水は酸化処理後No.1 pH調整槽へ送ります．クロム系排水は還元処理後No.2 pH調整槽へと分けて送ります．これにより，酸化処理水と還元処理水の混合による処理効率低下を防止できます．

用語解説 **暫定排水基準**：一律排出基準にただちに対応することが困難と認められる業種については国が期限を設けて「暫定排水基準」を設定し改善を検討している．

コラム❼ 排水リサイクルのためのポイント10

　産業排水の処理は環境浄化に役立ちますが工場や事業所にとって利益を生みません．ところが排水をリサイクルすると節水と環境保全に貢献するので利益確保になることがあります．ここでは排水リサイクルのためのポイントについて説明します．

　排水には浮遊物質，溶解有機物，溶解塩類，コロイド物質などが含まれています．これらは混ざり合っています．

　排水処理には，①固液分離，②物理化学的処理，③生物化学的処理などの手段があります．リサイクルを前提とした水処理で大切なことは，処理方法はできるだけ単純化し，処理薬品を極力，使わないことです．

　以下に排水のリサイクルに関する単位操作の10ポイントを要約します．

① スクリーンろ過：異物の大きさに合わせて目幅を段階的に変える．
② 中和・凝集沈殿：処理薬品は溶解塩類を増やすので使用量を減らす．
③ 加圧浮上：中和凝集沈殿と同様だが，処理水質がやや低下する．
④ 砂ろ過：ろ過水は全量使えるが間欠的に逆洗水がでる．
⑤ 活性炭吸着：ろ過水は全量使えるが再生や交換の経費がかかる．
⑥ MF・UF 膜ろ過：ろ過精度は確実だが，濃縮水の管理が重要．
⑦ RO 膜処理：前処理でFI値5以下が必要．濃縮水の管理がポイント．
⑧ イオン交換：脱塩水は全量使えるが，再生廃液の処理が必要．
⑨ オゾン酸化：処理水は全量使え，塩分増加がないので再利用向き．
⑩ 生物処理：処理水は全量使える．MBR処理との併用が有望．

　下図左は排水リサイクルのポイントです．**下図右**は精製手順の一例です．

　排水のリサイクルは条件に合わせて上記①〜⑩を段階的に組み合わせて生産工程に見合った水質にして再利用するのがポイントです．

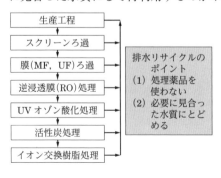

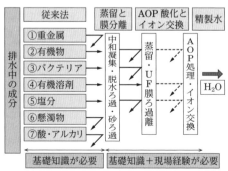

索 引

英数字

1, 4ジオキサン ……………………… 187
3価クロム ……………………………… 121
3価クロム化成処理液 ………………… 177
ADI …………………………………… 159
BOD …………………………………… 19
COD_{Mn} …………………………………… 17
DPTA ………………………………… 115
EDTA ………………………………… 115
FI値 …………………………………… 57
MF膜材料 ……………………………… 149
MLSS ………………………………… 141
Nヘキサン抽出物質 …………………… 185
pH …………………………………… 91
SVI …………………………………… 143
TDS …………………………………… 25
TOC（全有機炭素） ………… 51, 99
T-P …………………………………… 163
UV …………………………………… 175

あ 行

亜硫酸ナトリウム ……………………… 93
アンスラサイト ………………………… 45
安全係数 ………………………………… 71

イオン交換樹脂 ………………………… 67
イオン交換樹脂の分類 ………………… 171

ウェハー ………………………………… 99

オゾン …………………………………… 51
オンサイト浄水方式 …………………… 53

か 行

回収率 …………………………………… 57
化学平衡 ………………………………… 77
架橋作用 ………………………………… 35
拡散 ……………………………………… 55
活性汚泥 ……………………………… 139
活性炭 …………………………………… 49
カテーテルアブレーション手術 ……… 7
還元剤 …………………………………… 21

気圧 ……………………………………… 93
気化熱 ………………………………… 107
技術士 ………………………………… 153
逆洗浄 ……………………………… 45, 79
吸着反応 ……………………………… 141
業務独占資格 ………………………… 153
金属硫化物 …………………………… 113
近代下水道 ……………………………… 9

クリプトスポリジウム ………………… 47
クロム酸塩 …………………………… 181

傾斜板 ………………………………… 119
結合残留塩素 …………………………… 41
血漿浸透圧 ……………………………… 5
減圧蒸留 ……………………………… 183
嫌気性菌 ……………………………… 145

高分子物質 ……………………………… 83
向流多段水洗 …………………………… 11
固液分離 ………………………………… 61
コレクター ……………………………… 77
コロイド状シリカ …………………… 103

さ 行

錯体……………………………… 123
殺菌効果……………………… 29
暫定排水基準………………… 193
残留塩素…………… 23，43，191

硝化菌……………………… 161
浄化槽法………………………… 9
上向流速度…………………… 61
晶析……………………… 131
消石灰……………………… 165
浸透……………………… 147

水和………………………… 85
スカムスキーマー……………… 63
スクリーン…………………… 189
ストレーナー………………… 189
スパイラル式RO膜………… 169

生物膜…………………… 33
ゼオライト………………… 161
赤血球……………………… 55
センターウエル……………… 155
選択性………………………… 71

総交換容量………………… 75

た 行

ダイアフラム……………… 135
ダイアライザー……………… 83
代謝活動…………………… 151
炭酸イオン………………… 73
炭酸カルシウム…………… 101
炭酸同化作用……………… 19
担体……………………… 145

低圧紫外線ランプ………… 173

滴定……………………… 27
電解質…………………… 25
電気陰性度………………… 129
電気陰性度の値…………… 129

透過流束（Flux）…………… 79
当量……………………… 69
トラップ…………………… 63

な 行

ナトリウムリーク…………… 103

二量体…………………… 127

は 行

バーチャルウオーター………… 3
配位結合…………………… 85
ハロゲン族………………… 21

光オゾン酸化………………… 11
ヒドラジン………………… 93
ヒドロキシアパタイト……… 131
表面処理…………………… 169

負圧……………………… 165
富栄養化…………………… 163
フェントン反応…………… 133
負荷……………………… 157
フミン質…………………… 37
篩ろ過…………………… 81
フロック…………………… 117
ブロワー…………………… 147

ベッセル（Vessel）………… 87

防食剤…………………… 107
飽和……………………… 97
ホッパー…………………… 155

ま 行

マンガン······························ 39

見かけの比重····················· 65

無機系凝集剤····················· 35
無電解ニッケルめっき············ 179

モル·································· 15
モル比······························ 91

や 行

有機物······························ 17

溶解度積··························· 111

ら 行

ランゲリア指数··················· 89

連続式電気脱塩装置·············· 95

炉筒煙管ボイラ··················· 105

● 参考文献 ●

和田洋六『水のリサイクル 基礎編』地人書館，1992

和田洋六『水のリサイクル 応用編』地人書館，1992

和田洋六『飲料水を考える』地人書館，2000

和田洋六『造水の技術 増補版』地人書館，2004

和田洋六『実務に役立つ 水処理の要点』工業調査会，2008

和田洋六『実務に役立つ 産業別用水・排水処理の要点』工業調査会，2010

和田洋六『ポイント解説 水処理技術』東京電機大学出版局，2011

和田洋六『ポイント解説 用水・排水の産業別処理技術』東京電機大学出版局，2011

和田洋六『入門 水処理技術』東京電機大学出版局，2012

和田洋六『図解入門 よくわかる 最新水処理技術の基本と仕組み　第3版』秀和システム，2017

高橋裕編『水のはなしⅡ』技報堂出版，1982

井出哲夫編『水処理工学 第2版』技報堂出版，1990

小島貞男，中西準子『日本の水道はよくなりますか』亜紀書房，1988

中塩眞喜夫『廃水の活性汚泥処理』恒星社厚生閣，1986

大矢晴彦監修『純水・超純水製造法』幸書房，1985

丹保憲仁，小笠原紘一『浄水の技術』技報堂出版，1985

丹保憲仁編『水道とトリハロメタン』技報堂出版，1983

宮原昭三ほか『実用イオン交換 増補版』化学工業社，1984

表面技術協会表面技術環境部会編『表面技術環境ハンドブック 2010年度版』広信社，2010

営繕協会編『排水再利用・雨水利用システム設計基準・同解説 平成3年版』全国建設研修センター，1991

水ハンドブック編集委員会編『水ハンドブック』丸善，2003

● 著者略歴 ●

和田　洋六（わだ　ひろむつ）

工学博士

技術士（上下水道部門，衛生工学部門）　登録1979年第13470号

1943年10月　神奈川県生まれ.

1969年　3月　東海大学大学院工学研究科修了後，日機装（株）に入社.

1982年12月　日本ワコン（株）に勤務．常務取締役を経て，現在は技術顧問.

社外活動

企業で50年余にわたる水処理技術研究のかたわら，国際協力機構（JICA）や経済産業省の水処理技術専門家として，東南アジアや南米諸国で，用水と排水処理の実態調査と実務指導を行う.

現在，経済産業省および環境省の排水処理技術検討会委員.

（社）日本表面処理機材工業会参与.

実務に役立つ水処理技術

2022 年 10 月 20 日　第 1 版 1 刷発行　　　　　ISBN 978-4-501-63390-5 C3058

著　者　和田洋六
　　　　©Wada Hiromutsu 2022

発行所　学校法人 東京電機大学　　〒120-8551　東京都足立区千住旭町 5 番
　　　　東京電機大学出版局　　　　Tel. 03-5284-5386（営業）03-5284-5385（編集）
　　　　　　　　　　　　　　　　　Fax. 03-5284-5387 振替口座 00160-5-71715
　　　　　　　　　　　　　　　　　https://www.tdupress.jp/

組版：徳保企画　　印刷：（株）加藤文明社　　製本：誠製本（株）
装丁：齋藤由美子
落丁・乱丁本はお取り替えいたします。　　　　　　　　Printed in Japan